乡村振兴
——科技助力系列

丛书主编：袁隆平　官春云　印遇龙
　　　　　邹学校　刘仲华　刘少军

中华鳖
生态养殖模式与技术

主　编◎向静　黄超　宋锐

副主编◎彭　刚　邓荟芬　王志明

编　者◎江为民　褚武英　王　静　张　燕　林　海　刘新桃
　　　　吴　浩　高金伟　成　嘉　潘亚雄　包凌晟　朱　鑫
　　　　江新明　张智勇　罗　阳　李虹辉　章　铭　曾一鸣
　　　　谭　亮　彭　鹏　杨虎城　胡时均　陶　聪

湖南科学技术出版社
·长沙·

前　言

　　在中国共产党成立一百周年之际，经过全党全国各族人民持续奋斗，我们党实现了第一个百年奋斗目标，在中华大地上全面建成了小康社会，历史性地解决了绝对贫困问题，正在意气风发向着全面建成社会主义现代化强国的第二个百年奋斗目标迈进。党的二十大报告提出，坚持农业农村优先发展，全面推进乡村振兴。加快发展方式绿色转型，推动经济社会发展绿色化、低碳化是实现高质量发展的关键环节。加快建设农业强国，全面促进乡村振兴是推进中国式现代化的必然要求。乡村要振兴，产业必兴旺，大力发展绿色、生态特色水产养殖，是提高农民收入、保障食品安全、建设美丽乡村和促进乡村振兴的有力举措。近年来，水产养殖总体上仍存在可控性差、生产效率低、设施基础落后、尾水治理存在短板等一些问题，需要转方式调结构，从资源粗放利用型到资源节约、环境友好型，从单纯数量增长到数量、质量并重发展，从单一养殖到养殖、增殖、休闲、观光一体，从注重一产到一二三产融合发展，老百姓对于特种水产养殖品种及品质的要求也越来越高，鳖养殖也从数量型向质量型逐步转变。

　　中华鳖，又名水鱼、鳖、团鱼，肉质细嫩，味道鲜美，营养丰富。其药用价值也非常高，根据陶弘景的《名医别录》记载，鳖性平、味甘，有滋阴补肾、清退虚热的功效。由于中华鳖具有较高的食用及药用价值，全国各地已广泛开展中华鳖的人工养殖。我国鳖类养殖产业已成为优势特色产业之一，养殖总产量已超过 33 万吨/年，主要养殖省份有浙江、湖北、安徽、江西、湖南、广东、江苏和广西等。中华鳖消费旺盛，已成为老百姓心目中的高档优质水产品。1995 年中华鳖价格达 500～600 元/kg，鳖苗为 38～42 元/只，曾经带动了大批养殖户致富奔小康。在经历过 1996 年、2000 年和 2004 年三次大幅价格波动以来，国内鳖价趋于稳定，养殖、繁殖、苗种培育模式也日趋成熟，目前正在向规模化、专业化、生态化和品牌化的方向发展。在老百姓越来越崇尚绿色消费的情况下，生态和仿生态养殖的中华鳖也越来越受到市场欢迎，其价格比温室养殖和池塘高密度养殖鳖价格高2～3倍，因此养殖效益也更高。

目前，国内养殖户已从高密度养殖开始向生态养殖、仿野生、仿生态养殖模式过渡，涌现出不少典型的养殖实例，但大部分养殖户对生态养殖的理解和标准不一，造成实际操作过程中差异性大，鳖的品质难以得到保证，影响养殖效益。为了大力促进乡村振兴，适应当前渔业高质量发展和转品种调结构的要求，推广中华鳖高效生态养殖技术，我们特地编写了《中华鳖生态养殖模式与技术》一书，本书系统地介绍了鳖的产业发展、生物学特性、营养需要、生态养殖模式、病害防控、捕捞运输、绿色食品认证、养殖实例等相关知识、技术和信息，内容丰富、通俗易懂、科学实用、操作性强。希望本书的出版，能为从事养鳖事业的广大养殖户和养殖企业提供一定的借鉴参考，为我国鳖养殖提质增效、高质量发展带来积极作用。

由于本书编写时间仓促，加之编者水平有限，书中难免存在疏漏及错误之处，恳请广大读者批评指正。

编　者

2022 年 12 月

目　录

第一章　概　述

第一节　国内外养殖鳖的历史与现状

一、国外养鳖的历史与现状

日本是世界上人工养鳖最早的国家，早在 19 世纪中期，日本就开始鳖的人工养殖，并对其生物学特性、饲养模式和方法进行了试验研究。经过 100 多年的发展，鳖养殖在日本已经具备一定的产量和规模，主要分布在日本关东以南的福冈、佐贺、大分等地。日本将封闭式循环净化系统、人工安全饲料应用于鳖养殖业，使得养殖全程可控，对环境的污染极小，鳖产品安全可靠。

日本是当今世界上鳖养殖业最先进的国家，但其养鳖产业发展也不是一帆风顺，曾遭受到两次较大的冲击。第一次是 20 世纪初，日本曾因引进携带病害的朝鲜鳖使其养鳖业遭受巨大损失；第二次是第二次世界大战期间，战争使养鳖业再度衰败。在 20 世纪 70 年代前，日本的鳖养殖一直采用自然常温法，用该方法养殖的鳖生长缓慢，养殖周期长、产量低，养殖成活率不高，导致鳖养殖业发展缓慢。日本养鳖业获得最大发展的时期是 20 世纪 70 年代后，川崎义一等人将常规养殖改为冬季控温养殖，改变了鳖的生长环境。随后锅炉、温泉、工厂余热等加温养殖模式不断完善，延长了鳖的年度生长时间、提高了鳖的生长速度，将原本常温养殖 4 年左右才能达到上市规格的饲养时间缩短到 12～15 个月，较自然环境生长速度提高 4 倍左右，其加温养殖的平均单产量为 2 kg/m² 以上，极大地提高了鳖养殖的经济效益。同时日本还将封闭式循环净化系统、人工安全饲料应用于鳖养殖业，使得养殖全程可控，产品安全可靠，所以日本是当今世界上鳖养殖业最为先进的国家。同时日本在鳖的基础生物学及品质选育等方面开展了大量的工作，在 20 世纪 60 年代初，日本从中国引进太湖纯种中华鳖，经过多代的人工选育，培育出具有特定优势性状的日本品系中华鳖，该鳖具有摄食强度大、抗病能力强、生长速度快、商品规格大等优势，且遗传性状稳定，可实现自繁自育，特别是裙边与背甲长的比例在35%左右，较普通中华鳖（25%左右）提高10%。同时日本品系中华鳖消化道中肠道的长、宽、厚均较普通中华鳖有所提高，有助于提高机体对饵料的消化吸收率。

其他国家如泰国的鳖养殖业近年来发展较快，马来西亚、印度、越南、新加坡等东南亚国家和尼日利亚等非洲国家也有一定的养殖规模。美国等西方国家在20世纪60年代开始对佛罗里达鳖基础生物学、分子遗传学等开展大量研究，主要偏重于濒危野生鳖的驯化、繁殖与保护的研究工作。

二、国内养鳖的历史及现状

据史料记载，国内最早开始鳖养殖可以追溯到公元前460年，范蠡《养鱼经》中记载"至四月纳一神守，六月纳二神守，八月纳三神守。神守者，鳖也。所以纳鳖者，鱼满三百六十，则蛟龙为之长，而将鱼飞去，纳鳖则鱼不复去"，即为最早鱼鳖混养的原型。据《清平县志》记载，战国时期，赵国开创者、晋国卿大夫赵简子在聊城马家湖人工养鳖。根据考古发掘，秦朝末年南越国的南越宫苑曲流石渠遗迹中发现一条100多米的弯形养鳖池，出土南越时期大鳖残骸一只。

中国台湾是我国养鳖业发展最早的省份，其人工养鳖发展于20世纪初，20世纪80年代已进入鳖养殖的全盛期。地理位置优越、气温高是台湾养鳖业得以迅速发展的一个重要原因。

中国大陆人工养鳖起步较晚。20世纪50年代起，有些省份开始进行试养，一直到20世纪70年代前的近20年里，养鳖发展缓慢或停滞不前。因此，在这一阶段，我国消费市场的鳖主要依靠捕捞野生的天然鳖，整个鳖产业是"捕捞消费型"产业。到了20世纪70年代中后期，湖南师范大学生物系和汉寿县特种水产研究所、辽宁师范学院等单位对鳖的生物学特性、人工繁殖、养殖模式等进行了大量的研究和试验，取得了大量的试验数据和研究成果，为我国鳖养殖业的起步奠定了坚实的基础。

20世纪70年代至80年代初期，由于改革开放的浪潮刺激，人们生活水平不断提升，鳖的消费市场得到极大拓展，为鳖的人工养殖提供了良好的发展机遇。老百姓由吃饱向吃好的消费方式转变，鳖的需求量逐年增大。由于利益的驱动，鳖由原来的随捕随卖转变为商贩大量收购囤养暂养，商贩利用时间及地区差，赚取高额利润。此阶段初期在湖南、湖北等地有少量小规模的养殖场，仍以池塘常温养殖为主，养殖规模较小。中后期在湖南、江西、湖北、江苏等地逐步出现以季节性暂养为主的养殖场，将野外捕捞的鳖饲养于池塘中，经过一段时间的暂养，在冬季特别是春节前后价格高点时出售，往往利润可观。

20世纪80年代中期，随着改革开放的加速和对外交流的频繁，在日本控温养殖鳖技术的启发下，1987年湖南省水产科学研究所在慈利县开展了"利用地热养鳖技术"的研究，取得了养殖13个月鳖体重量300 g左右的成效。1988年杭州市水产科学研究所采用全封闭温室，利用锅炉供暖实现恒定温度，养殖14个月的鳖平均体重达400 g。我国水产科研人员攻克了鳖控温养殖技术，将养殖环境温度控制在28 ℃～32 ℃，每天投喂1～3次，由于控温养殖避免了鳖的冬眠习性，使得鳖生长速度加快，饲养周期缩短，形成四季都能生长的模式。经过4～6个月的养殖后，稚鳖能长成250～400 g的商品鳖，其经济效益十分显著，引起了养殖户和投资商的广泛关注，在浙江、江苏、湖南等地掀起了一股鳖人工控温养殖的热潮，南方以塑料大棚温室养殖为主。

到了20世纪90年代初期，鳖养殖产业发展迅猛，养殖规模迅速扩大，养殖总产量成倍增长，稚鳖和商品鳖的价格急剧上升。1995年到1996年上半年，湖南市场商品鳖价格最高时达到1000元/kg，体重30 g左右规格的稚鳖售价爆炒到40元/只，此时的养鳖业既暴利又疯狂。其主要原因有三，第一是老百姓生活水平的提高，开始关注自身健康和养生保健。第二是1993年"马家军"的田坛神话使得"中华鳖精"市场热销。第三就是鳖的市场价格高，产生高额利润吸引众多投资者。此时期我国鳖养殖产业快速发展，使我国一举成为世界第一养鳖大国。

但到了1996年下半年，全国养鳖热潮后的危机开始显现，由于工厂化养殖过热形成的产量较大，供大于求，"倒种""炒种"现象频发，泰国和中国台湾养殖鳖冲击等多重因素的影响，鳖的市场价格开始出现拐点。1996年商品鳖价格由上半年原来的800元/kg左右暴跌到400元/kg左右，稚鳖价格降到5元/只左右。随后鳖行情一路走低，一批技术不成熟、经营管理不完善的鳖养殖企业被市场无情淘汰，鳖养殖业进入一个相对低谷期。同时由于盲目上马的鳖养殖场在设备配置、环境调控、饲料配方、添加剂方面的不规范，加之媒体对温室养鳖不当使用添加剂及激素等的报道，导致消费者对鳖养殖环境及营养价值产生怀疑，鳖消费市场受到重挫，鳖养殖业受到很大的冲击。经历了1996年、2000年、2004年和2008年几次较大幅度的价格下跌浪潮冲击，鳖养殖产业通过不断地优胜劣汰、经营改良和养殖模式的转型升级，目前愈发稳健成熟，从快速盲目发展转向理性健康发展，鳖价格逐步回升。作为药食同源的名特水产品，中华鳖依然是水产养殖业中极具竞争优势和比较优势的特色品种。

第二节　我国中华鳖主产区养殖布局及产业现状

在渔业部门的规划指导、市场消费的刺激和科技进步的支撑下，我国的鳖养殖业取得了突飞猛进的发展。全国大部分省市区都建有鳖养殖场，特别是工厂化养殖场不断出现，主要利用工厂余热、地热资源、锅炉加热等加温方式开展工厂化养殖，最高养殖产量可以达到 $2 \, kg/m^2$。我国的鳖养殖业通过近几十年的技术攻关，特别是近几年来科技在鳖养殖业中的应用，加上农业部对水产养殖禁用药物管控力度的不断加大，经过多年的实践摸索、实验研究，目前通过水质调控、益生菌使用、科学管理等技术的完善，大力发展绿色生态养殖模式，可以有效预防鳖病害的暴发，也使得鳖养殖全程不使用抗生素和禁用药物。2020 年，我国鳖养殖产量 33.26 万 t，主要养殖省份浙江 10.21 万 t，湖北 4.76 万 t，安徽 3.97 万 t，江西 3.02 万 t，湖南 2.75 万 t，广东 1.99 万 t，江苏 1.97 万 t，广西 1.93 万 t，河南 0.74 万 t，山东 0.66 万 t，福建 0.48 万 t，其余省份产量较小。

浙江是全国龟鳖养殖大省，其中鳖总产量超过 10 万 t，远远超过其他省份，占全国总产量的 30.70%。通过多年的发展，浙江鳖养殖呈现以下特点，首先是养殖品种的不断更新，从湖南的中华鳖苗到中国台湾、泰国苗，再到日本苗。特别是日本苗在浙江养殖呈现出良好的应用效果。其次是模式的创新，由原来的单一温室转变为全程温室、初期温室加后期外塘和全程池塘多种模式并重的特点。

湖南是我国鳖养殖开展最早的省份之一，也是我国鳖养殖主产区。1995 年，湖南省水局局向农业部申请建立国家级湖南中华鳖原种场，同年农业部同意将湖南中华鳖原种场列入第二批国家级原种场（良）种建设计划，湖南中华鳖原种场于 2000 年被农业部授牌为国家级水产原种场。湖南常德也是中华鳖原良种培育、苗种繁育和商品鳖养殖集中区，其优质鳖产业规模不断壮大。目前，湖南省有汉寿鳖、常德鳖、南县中华鳖、长永鳖获得地理标志产品登记保护。

广东鳖养殖起步较早，发展积淀深厚，其特点特色鲜明。如顺德地区的养殖户根据地域特点、气候特征、自然条件等，创制形成了独特的泥底大水泥池养殖模式，并根据不同生长阶段和营养需求配制适口饵料。目前顺德每年可生产优质商品鳖1万t左右，同时每年为全国鳖养殖企业提供大量优质种苗。每年12月到翌年3月期间，来自湖南、湖北、广西等地的中华鳖养殖户会集中于此，选购大规格雄性中华鳖种苗。

广西鳖每年养殖产量接近2万t，近年来，广西的黄沙鳖养殖取得良好进展，他们利用山水优势依山而建的养殖场，采用天山山泉水作为优质水源，投喂新鲜的鱼虾和福寿螺等饵料，实施自然越冬的仿生态养殖模式，其养殖成鳖品质纯正，生态优质、口感优良，深受消费者喜爱。

江西的鄱阳湖附近以及上饶、南昌一直都是鳖苗的主产区，早期都是通过采捕自然水域天然野生鳖作为亲本，但是由于高额利润加上供不应求，长江、珠江以及中国台湾、泰国、印尼等地区的大量鳖种苗云集于此，产量逐年大增，但苗种品质却逐年下降，苗种价格也不断降低，市场信誉度受损，效益下降。目前许多养殖户正在开展养殖产业结构和产业布局调整，加快亲本更新和技术更新。

河南目前鳖养殖模式主要是温室加外塘的分段式养殖，稚鳖在温室养殖，第二年分塘，投放到池塘养殖，一般年底可达预定规格并上市销售。因其生长速度快，损耗小，养殖效益十分不错。

其他地区如安徽的鳖养殖发展也较快，而且在发展的同时，工厂化育苗得到大范围推广，投喂软饵料能够减少饵料浪费，降低饵料成本，目前主要开展全程外塘养殖或温室加外塘的养殖模式，其技术创新和突破不断加强。

第三节　我国鳖养殖业存在的问题

虽然我国近年来从上到下对鳖苗种生产的重视已达到前所未有的程度，种质资源和苗种产量也有了很大的发展，并且多年来，我国鳖养殖年产量都稳定在30万t以上，市场价格也日趋稳定，但也存在以下不容忽视的问题。

一、产业技术创新深度不足

目前我国鳖养殖产业发展和科学研究已经处于世界先进水平，但是对于养殖技术，特别是育种技术的集成以及创新的深度应用不足，主要体现在：生态养殖模式与技术开发不够，鳖疾病的生态防控技术措施跟不上，造成疾病暴发，养殖损失惨重，有的是打着生态养殖的牌子，以次充好，影响了消费者的消费信心；对于中华鳖优质品种的优良性状维持不足，不能有效鉴定良种的优质基因，造成了种质库与数据库不匹配的局面；对于现代化育种技术的使用没有大规模推广和应用，这也增加了中华鳖良种选种育种工作的难度；中华鳖良种的培育也未形成一个系统化的体系，如良种缺乏亲本的培育，技术、装备等配套设施不完善，阻碍了育种效率的提高。中华鳖种业产业技术的研发与应用不健全、集成度低，也是制约我国中华鳖种业转型升级、绿色高质量发展的重要因素。

二、乱引种影响正常生产

我国中华鳖地域品系是在不同地理环境下长期形成的地理种群，这些种群在当地的气候环境条件下具有独特的生长和繁殖性能，一旦离开本土环境和条件，这些种群不但会失去优势，也很难与引入地的土著品种竞争。实践证明，黄河品系被引入到浙江后在外塘养殖过程中抗病性能明显差于当地的纯太湖品系，在工厂化养殖中也无任何生长优势，而黄河品系在黄河流域外塘养殖的成活率远高于在浙江养殖。再如西南品系（黄沙鳖），到目前为止，如果在华东地区从苗种开始直接放到野外养成商品，4 年的养殖总成活率只有 20%，只有通过工厂化控温养殖到 400 g 以上再放到野外养殖，成活率才可提高到 70%。总之，这个品系在高纬度地区有越冬难的问题，因此不根据自身条件和市场情况乱引种的后果可想而知。

日本鳖是我国 20 世纪 90 年代中期引进的优良鳖品种，由于日本鳖对养殖生态的要求比较高，所以刚引进时按我国当时的养殖模式几乎都失败了，后来经过 10 年的驯养，越冬和繁殖逐步适应并显现出很高的养殖优势，但也因引种的不规范和忽视不断选优，到目前较纯的亲本已经极少。

三、乱留种导致种质退化

由于我国的鳖苗种至今还不能完全满足养殖的需求，所以各地养殖企业和稍有规模的个体养殖户在近几年掀起一股自己留种繁育种苗的热潮。然而作为繁殖用的亲种是有一定标准的，如种质纯度的要求、个体形态的要求、选择标准的要求、体重年龄的要求、选择强度的要求和定向选优的要求，等等。然而经调查发现，大多数养殖企业不注重这些要求，只要个头大且无病无伤就直接在商品中留亲本培育繁殖，这样会造成鳖种一代不如一代的种质退化。

四、乱杂交引发种源污染

人工杂交是人类有目的地创造生物变异的重要方法，也就是使杂交亲本的遗传基础通过重组、分离和后代选择，育成有利基因更加集中的新品种，这种有性杂交结合系统选育的育种方法叫杂交育种。所以人工杂交的目的有两个，一是育成有利基因更加集中的新品种，二是将具有性能优势的杂交一代（F_1）用于生产。其中前者是个长期的过程，一旦育成可作为新品种长期应用。后者是有优势性能的不同纯品种杂交后直接用于生产以提高生产力，但因其后代会产生优势分离，所以在应用于生产时只能用杂交一代（F_1）。在杂交活动中，利用优势性能生产是积极的一面，但目前许多地方忽视了杂交在管理缺失情况下产生的负面结果，即杂交种源污染。鳖与植物、家畜等其他生物还有一定的区别，鳖目前的流动性很大，在不规范的操作下不易觉察及控制其种源。它可以借助水流或在养殖运输中因防护不当等从一个水域进入另一个水域，且比较隐蔽，所以极易造成杂交污染。比如，在20世纪90年代初到湖南引种，能引到纯正的洞庭湖品系中华鳖，刚出壳的鳖苗地域品系特征很强，80％以上的鳖苗腹部是橘黄色无花斑的，养大后也无花斑，肉质鲜美；而现在的鳖苗不但腹部有花斑，体背也有了少许花斑出现，几乎与太湖鳖无大区别。特别是许多地方在不规范的情况下大搞杂交，并把杂交一代作为亲种再繁殖用于生产，笔者认为这样的做法值得商榷。特别这几年各地几乎掀起了一股杂交热，如日本鳖与泰国鳖、日本鳖与中华鳖，这些杂交品种除了在生长上有些优势外，无论从形态还是从生化品质方面都很难与纯种相比。同样，这些杂交后代养成后许多地方也作为优良品种留作亲本使用，其后果也是可想而知。

五、流通缺乏有效监管

由于管理难度大，又无专门的机构管理，我国鳖种质种苗的流通管理几乎是空白。虽然各省有些部门对过境的动物有病害病原的检测检验要求，但对种质的要求并不严格。这样也势必造成不良鳖种流通和种质污染的严重后果。

第四节　我国鳖养殖业的发展趋势

一、强化鳖良种选育培育力度

种子是农业的"芯片"。2019 年国务院办公厅印发了《关于加强农业种质资源保护与利用的意见》，目前农业农村部正在全国范围内组织开展水产种质资源普查，持续推进落实打好水产种业翻身仗的实施方案，在水产苗种管理和市场监管方面加大工作力度，促进了包括中华鳖在内的水产苗种产业高质量发展。种苗是水产业健康发展的基础，推广良种、提高良种覆盖率是鳖养殖业健康发展的重要途径。目前全国鳖的苗种需求为 8 亿～10亿只，因生产能力不足，需要从国外大量进口，但是由于产地种质退化，品质不纯，导致一些疫病传播甚至有暴发流行性疾病的风险。鳖的良种和新品种选育是一项既艰苦又费时的基础工程，特别是选育工作还要有资深的工程技术人员，所以一般企业很难承担，而一些研究院校因出成绩慢，又要投入大量资金，也不敢承担这项工作，所以在国内从事鳖优良品种选育的人员很少。我国拥有花鳖、乌鳖、黄沙鳖、黄河鳖等丰富的中华鳖自然种质资源，虽然这几年我国加大了在鳖新品种的培育和引进上的投入力度，已引进了中华鳖日本品系，培育出清溪乌鳖、浙新花鳖、珍珠 1 号等多个新品种，但仍然不能满足生产实际的需要，比如尚未选育适合稻田养殖等新型养殖模式的中华鳖新品种。为保障鳖养殖产业的健康有序发展，必须扭转鳖良种生产能力不足的弊病，改变良种覆盖率低的局面，打造中华鳖原良种场和育繁推一体化育种体系，加强中华鳖优质苗种繁育能力，加大鳖良种和新品种的创制选育力度，提高良种覆盖率。

二、强化鳖原种种质提纯复壮

鳖有着地域特性优势，所以进行原产地种群保护已为当务之急。保护不单纯是圈地保护，而是应实实在在地在种质提纯上下功夫。如黄河品系在宁夏和河南区域的种质就较其他地域的要纯些，这也许与本地域流通不便有关。再如西南品系（黄沙鳖）虽然具有一定的生长优势，形态在 1000 g以上时宽厚的裙边也较其他地域品系的突出，但其缺点是背部肋板暴露明显，影响了销售外观。而太湖品系的鳖的抗逆性是提高养殖成活率的关键，特别是其腹背的脸谱式花斑是其种群的特别优势，故花鳖就深受浙江本地消费者的青睐。在保护的同时进行提纯与选优，鳖种的优势将会更加明显。

三、研发鳖养殖新模式新技术

温室工厂化养殖是我国鳖养殖的主要模式，其产量占全部总产量的70％以上，该模式具有周期短、见效快、产量高等特点，深受养殖户的推崇。但传统养殖模式能耗高、污染严重，其质量安全存在重大隐患，开展产业升级刻不容缓。温室鳖养殖应开发和推广环保节能的新型工厂化智能温室养殖模式，大力发展太阳能、地热能、生物质能的开发利用，加快养殖尾水净化处理系统的集成研发，通过物理生物等多重手段，使养殖尾水能达标排放或循环利用。组织开展中华鳖净化养殖和品质提升技术研究，研究制定中华鳖生态养殖的标准化生产操作规程。

四、推广鳖生态高效养殖模式

随着人们物质生活水平的不断提高，人们对鳖的产品质量要求不断提高，品牌意识不断增强，绿色食品、有机食品的概念逐渐深入人心，人们从对量的消费需求逐步转变为对质的消费需求，因此生态高品质鳖越来越受广大消费者的欢迎。坚持高效、生态、绿色养殖理念，应在全国鳖主养区推广包括混养、套养、稻鳖共作、仿生态养殖、太阳能新型温室养殖等模式，通过使用中草药、益生菌和生态养殖减少鳖病的发生，减少或者不使用抗生素和激素等违禁药物，全面提升鳖的品质，增强消费者的消费信心。同时不断优化养殖模式及养殖环境，建立人工湿地、生物净化池等，采用生物、物理手段对养殖尾水净化循环利用，减少外界自然环境波动对养殖的影响，发展高产、优质、高效节水生态养殖新模式。开展鳖产品加工技术研究，通过加工，包括预制菜的生产，能有效提升对水产品资源利用率，提高产品附加值，为养鳖行业带来更多的利润。

五、建立鳖的标准化技术体系

我国水产养殖标准化水平，与国外发达国家相比，还有较大的差距，主要表现为标准化规模养殖水平还不够高、疫病防控体系还不够健全、水产品精深加工程度还不够强、鱼粉等高蛋白饲料原料缺乏、组织程度低、没有完善的运行机制、种养结合还不够紧密等。为推进中华鳖标准化健康养殖，保护生态环境，提高产品数量和质量，保障优质水产品市场供应，推动我国渔业可持续健康发展，建立科学、合理的中华鳖标准体系是十分必要的。要建立良好的生产标准和质量管理标准体系，从根本上解决鳖人工养殖投入品质量安全问题，提高商品鳖的品质，提高市场竞争力。建立鳖质量认证体系和质量安全可追溯系统，实施绿色食品、有机食品认证和农产品地理标志登记等多重质量认证标志，形成品牌优势，不断提高鳖的品质和美誉度。对已有的鳖良种基地进行有效的动态管理很有必要，管理可以由省级主管部门进行，主要管理品种品质和产品流向，并进行有效的检测检验，特别是对引进品种的管理更应加强，具体管理办法可组织有关专家根据国家有关法规并结合各地的具体情况合理制定。这样可做到心中有数，良性指导，协调发展。如浙江省在管理方面实行了动态监督检查，对不合格的养殖企业先提出整改，再不合格的采取取消资格、摘掉牌子的管理措施，取得很好的效果。

六、做好鳖种苗区域规划布局

产业的发展与地域经济发展密切相关，鳖这种高档消费品的产业发展也主要在经济发达地区，如目前我国鳖的主产销区主要在华东、华南和华中地区，产业发展要素之一的种苗需求也主要在这几个地区。目前国家和当地政府在这些地区建设有相当规模的鳖原良种场，但和目前的发展规模及市场需求相比还需进一步加强。所以做好我国鳖产业发展趋势的研究后，结合国家经济发展规划进行鳖种苗基地长远的区域规划十分重要，符合产业长远发展需求。

第二章　中华鳖的种质与生物学特性

鳖隶属于脊索动物门、脊椎动物亚门的爬行纲、龟鳖目、鳖科，有7属24种，中国自然分布有3属5个种，为鼋属、中国古鳖属（纯化石种）和鳖属。鳖属种类广泛，分布于亚洲、非洲、北美洲等地，共有16种，中国有3种，为中华鳖、山瑞鳖和斑鳖。其中中华鳖分布最广，我国除新疆、宁夏、西藏、青海未见分布外，其他各省均有分布。山瑞鳖主要分布于我国的广西、广东、云贵及海南等地。斑鳖原产于太湖流域，被认为是地球上最濒危的动物。然而，很长时间以来，斑鳖一直被误认为鼋，直到20世纪90年代才被确认为独立物种，在此之前，许多被误认为其他物种的斑鳖已经死去。斑鳖是国家一级保护动物，数量稀少，极其珍贵，是比中华鲟更濒危的"水中大熊猫"。遗憾的是，2019年4月13日下午，苏州上方山森林动物世界的雌性斑鳖在进行人工授精时发生意外，不幸死亡，它是目前国内已知的唯一一只雌性斑鳖。

第一节　形态特征

一、鳖的外部形态

中华鳖外形似龟，呈椭圆形，比龟更扁平。从外形颜色观察，鳖背际和四肢通常呈暗绿色，有的背面呈浅褐色、灰黑色或黄褐色，主要因生活环境的不同而不同，腹面白里透红。鳖体表覆盖柔软的革质皮肤，背腹部有骨质硬甲，体背部分布有不明显的疣状小粒，以裙边尤为突出。整个身体可分为头、颈、躯干、四肢和尾部五个部分（图2-1、图2-2）。

图 2 - 1　中华鳖（侧面）

图 2 - 2　中华鳖（背面）

（一）头和颈

中华鳖头部粗大，前端稍扁，背面略呈三角形，吻尖而突出，鼻孔位于吻部最前端，是呼吸及嗅觉器官。在水中或泥沙中潜伏时，鳖只需将吻间露出水面即可呼吸到新鲜空气，其嗅觉十分灵敏。鼻后头部两侧为眼，眼小，略突出，有眼睑及眼膜，瞳孔圆形。口位于头部腹面，口裂较大，呈"人"字形，延伸至眼睛后缘，上颌长于下颌，两颌无齿，但两颌边缘有坚硬的角质鞘，可以压碎或牢牢咬住食物。口内有肌肉质短舌头，不能自由伸缩，但有帮助吞咽的功能。鳖头中部有中耳鼓膜，但没有外耳。

颈部粗长有力，呈圆筒形，肌肉发达，伸缩转动灵活。颈的最外层是坚韧的革质层，一旦受到惊吓，头和颈部能全部缩进甲壳内的肉质颈鞘囊内。当将其腹甲朝上放在地面时，头颈部可以抵住地面借助头颈部伸展力量翻身过来。咽喉部的黏膜上有鳃状组织，是鳖的辅助呼吸器官。在鳖冬眠时，几乎不用肺部呼吸，而是依靠辅助呼吸器官来呼吸。鳖的头颈部向背部伸出时可以达到背部中间，但其向腹部伸时只能伸到腹部前肢位置，因为其腹甲比较靠前。所以抓鳖时可以先将其翻身，腹部朝上，降低被咬伤的风险。鳖生性凶猛，遇危险时会咬住不放。

（二）躯干

中华鳖的躯干一般呈椭圆形，短宽而扁平，中央凸起，边缘凹入，背腹部外层是柔软的革质皮肤，鳖的背甲骨板一共25枚，腹甲骨板9枚，背腹甲之间没有缘板连接，而是由韧带组织相连。鳖主要的内脏器官都集中在躯干内，鳖背面边缘与革质皮肤的结缔组织为鳖的裙边，游泳时它能起到桨和舵的作用。

（三）四肢和尾部

中华鳖四肢位于身体两侧，粗短扁平，四肢表面被有鳞片，一般情况下露出体外，也能缩入背腹甲内。前后肢均为五趾，前肢各趾具爪，后肢各趾趾间具蹼，第四趾和第五趾爪退化。后肢比前肢发达，既能在水中自由游泳，又能在陆地上爬行，在捕捉到食物时还能协助将大块食物撕碎，利于吞咽。

中华鳖尾部较短，呈锥形，可缩入背腹甲内。雌雄不同，雌性鳖尾巴较短，不露出裙边，雄性鳖尾巴略长，尾末端伸出裙边外缘，以此作为区分雌雄的标志。尾腹面近端有一个纵裂形的泄殖腔孔，内有外生殖器。

二、可量性状

中华鳖（2龄以上）主要可量性状比例见表2-1。

表2-1　中华鳖主要可量性状比

项目	雌性	雄性
背甲宽/背甲长	0.840±0.037	0.819±0.041

续表

项目	雌性	雄性
体高/背甲长	0.267±0.061	0.244±0.017
后侧裙边宽/背甲长	0.084±0.013	0.091±0.011
吻长/背甲长	0.084±0.009	0.087±0.006
吻突长/背甲长	0.041±0.004	0.043±0.006
吻突宽/背甲长	0.036±0.005	0.035±0.010
眼间距/背甲长	0.032±0.005	0.032±0.004

三、鳖的内部结构

中华鳖的内部结构与龟大同小异，大致分为骨骼系统、消化系统、肌肉系统、呼吸系统、循环系统、神经系统、排泄系统和生殖系统等八大部分。这些系统之间具有相互联系、彼此配合的特点，使鳖的生命功能保证正常运转。下面重点介绍消化系统、骨骼系统、呼吸系统和生殖系统。

（一）消化系统

研究鳖的消化系统对鳖的人工养殖尤为重要，鳖的消化系统较为发达，是消化食物和吸收营养的场所。鳖的消化系统由消化器官和消化腺两部分组成，消化器官由口腔、咽喉、食道、胃、小肠、大肠和泄殖腔等组成，消化腺由肝脏、胰脏及肠腺组成。这些组织分泌的肝液、胰液、胆汁、肠液等帮助消化食物。成鳖的消化道从口腔到泄殖腔的全长为 70 cm 左右。一般来说，消化道全长不超过体长的 2～3 倍，这与鳖以肉食为主兼食植物性饵料有关，也为人工养殖投喂配合饲料提供重要前提。

1. 口腔

口腔内无牙齿，上下颌有角质鞘，口腔顶壁有硬腭，底部为短舌，舌上生有锥形小乳突，口腔内有唾液腺，能分泌黏液，润滑食物利于吞咽。舌基后又有喉头突起，上有纵形裂缝为声门，又为气管在咽部的开口，在口腔内侧两角各有一耳咽管的开口。

2. 咽和食道

口腔深处为咽，下通食道，食道呈管状，几乎与颈部等长，前接咽腔，下端与胃部相连。

3. 胃和肝脏

胃位于腹腔左侧，呈"U"形，膨大部不明显，下端由幽门部与小肠相连，胃壁肌肉发达，弹性强。肝脏呈深红褐色，较大，位于心脏的两侧，覆于胃和十二指肠的表面，分左右两叶。右侧肝脏上有暗绿色的一粒胆囊。肝脏分泌的胆汁经肝管流入胆囊储存。

4. 十二指肠和胰腺

十二指肠为紧接胃幽门的由左向右移行的细管，"U"形弯曲，胆汁在十二指肠处促进食物中脂肪的消化和吸收。胰腺位于十二指肠的肠系膜上，呈乳黄色长条状，可分泌胰淀粉酶、胰脂肪酶、胰蛋白酶等多种消化酶，由胰管通往十二指肠，分泌物对食物中的多糖、脂肪和蛋白成分有消化作用。

5. 小肠和直肠

小肠较长，是体长的2～3倍，有利于消化动物性和植物性食物，小肠末端急剧膨大的部分为直肠，小肠与直肠交界处有短小的突起为盲肠。直肠末端连接泄殖腔，由泄殖孔开口于体外。在十二指肠和直肠的肠系膜上，靠盲肠附近，有一个椭圆形暗红色的脾脏，是淋巴器官。

（二）骨骼系统

由于长期的进化，鳖的骨骼已经达到硬骨化的程度，鳖的骨骼分为中轴骨骼和附肢骨骼，这些骨骼是鳖支撑身体及运动的重要组成部分。中轴骨骼包括头骨、脊椎骨、肋骨和腹甲等。头骨坚硬，由头盖骨、额骨、颌骨、枕骨等组成。脊椎骨包括颈椎、背甲和尾椎。颈椎8枚，S形排列。背甲由10枚躯干椎、2枚荐椎及肋骨特化而成。尾椎多枚。鳖无胸骨，由腹甲组成。

附肢骨骼包括肢骨和带骨。前肢骨由肱骨、桡骨、尺骨、腕骨等组成，肩带骨主要由肩胛骨、喙骨和锁骨组成。后肢骨由股骨、胫骨、腓骨、跗骨等组成，后肢带骨由髂骨、坐骨和耻骨组成。鳖的四肢为典型的五趾型附肢，末端有爪，既可支撑体重，又能快速爬行。

（三）呼吸系统

鳖的呼吸系统有主呼吸器官和辅助呼吸器官。空气从外鼻孔进入，经上呼吸道的鼻腔、内鼻孔、喉头进入下呼吸道的气管、支气管、肺。鳖气管较长且发达，气管壁由软骨环支撑，在颈部与食道平行纵走，能随颈部伸屈，进入体腔后分为左右支气管，然后通入肺内。鳖的肺发达，为一对黑色、海绵状薄膜囊，分左右两叶，由许多气囊组成。肺紧贴背甲内侧、腹腔前段，肺泡壁上分布着十分丰富的微血管网，呼吸效率较高，肺容量较大。

鳖有两个副膀胱，位于膀胱背面，是泄殖腔两侧向腹腔突出的囊状结构。其上分布着十分丰富的微血管，能从水中获得氧气并排出二氧化碳，可以起到辅助呼吸的作用。

（四）生殖系统

鳖为雌雄异体。雄体的生殖器官主要有精巢、睾丸、附睾、输精管、阴茎、泄殖腔、泄殖孔。泄殖腔分为粪道、尿生殖道和肛道三部分，1 对精巢为长卵圆形，略呈黄白色，与肾脏相并列，与精巢相连的是 1 对附睾，位置靠近睾丸，从附睾通出的输精管开口于泄殖腔，附睾由精巢发出的许多细小的输精管弯曲而成。输精管由附睾通出，向后通向阴茎基部。鳖的交配器较长，背侧有沟，前段为扁平卵形的阴茎头，阴茎平时隐藏在泄殖腔内，交配时突出体外，精液通过阴茎沟输送到雌鳖的泄殖腔内。泄殖孔开口于尾部中端。

雌性生殖系统由卵巢、输卵管和泄殖腔组成。卵巢 1 对，位于腹腔后部，形状不规则，大小随季节变化而变化，为橙色粒状物。在鳖性成熟时，腹腔内除消化道和肝脏外，其余部分几乎全部被卵巢填满。卵巢内有大小不一、发育程度各异的卵，数以百计。输卵管为 1 对，为盘曲在卵巢两侧的白色扁平管，前段连接肠系膜，喇叭口，后端为子宫及阴道，开口于泄殖腔的后侧面。成熟的卵在输卵管前端与精子相遇受精后，受精卵在向体外移动的过程中形成卵壳膜，随后接受石灰质形成卵壳，停留在输卵管末端待产。

第二节　生态习性

一、生活习性

中华鳖是主要生活在水中的两栖爬行动物，在自然环境中，鳖喜欢栖息于水质清洁的江河、湖沼、池塘、水库等水流平缓、鱼虾繁生的淡水水域，用肺呼吸，同时具有其他辅助呼吸器官。在风平浪静的白天常趴在向阳的岸边晒太阳（俗称"晒背"），利用阳光中的紫外线杀死体表的致病菌，促进受伤体表的愈合，通过晒背提高体温，促进食物消化。鳖的生性机敏，有轻微的惊动就会迅速地潜入水底一动不动，并且它有判断逃跑路径的能力。鳖对环境的适应能力很强，适于在僻静、冬暖夏凉、阳光充足、水质清新、易于隐蔽的环境中生存，在安静、清洁、阳光充足的水岸边活动较频繁。鳖的生活习性可归纳为"三喜三怕"，即喜静怕惊、喜洁怕脏、喜阳怕风，同时鳖生性好斗。

1. 喜静怕惊

鳖对周围环境的声响反应灵敏，只要周围稍有动静，鳖即可迅速潜入水底淤泥中。鳖生性胆小，警惕性非常强，感觉十分敏锐，在陆地上，一旦遇到危险来不及逃走时，便将头颈部和四肢缩入壳内，以抵御敌害。当鳖遇到危险时，还会迅速伸长脖子，将威胁物咬住，所以人在捕捉鳖时，常常会不慎被咬住，这是鳖的自卫本能。且鳖咬住后不轻易松开，越拽越紧，只有将其连同被咬部位一起放入水中，鳖觉得有路可逃时，它才会松口逃走。

2. 喜洁怕脏

鳖喜欢栖息在清洁的活水中，在水质清新、水流缓慢的湖泊、水库、河流和池塘中易于生长，在脏臭的死水环境下，由于水质不洁容易引起各种疾病发生，导致鳖死亡率较高。

3. 喜阳怕风

在晴暖无风的天气，当周围环境安静让鳖觉得无危险时，鳖常常喜欢爬上岸边或水中漂浮物、突起物上晒太阳，每天都要晒 2～3 个小时，即使是夏天也不例外，尤其在中午太阳光线强时，它常爬到岸边沙滩或露出水面的岩石上"晒背"。这是鳖正常的生理现象，通过晒背，鳖可以迅速提高体温，促进血液循环和新陈代谢。同时晒背也可以促进鳖体内钙质的合成，促进背部皮质层变厚变硬，有效抵御外界敌害的攻击。同时，阳光中的紫外线能杀死鳖体表的寄生虫和各种细菌、病毒等有害病原微生物，所以鳖喜欢将背甲和腹甲的水分晒干。在水草较多、不利于晒背的池塘中，鳖是很少栖息的。

4. 生性好斗

鳖生性好斗、凶残而且十分贪吃。在高密度养殖时，其相互间的撕咬残杀、打斗现象十分突出，特别是在缺少食物和生殖交配的季节，此天性越发明显，即使是刚孵化不久的稚鳖也不例外。所以在人工养殖鳖时，要特别注意饲养密度，防止鳖相互间打斗。

二、食性

鳖是杂食性动物，尤其喜食动物性食物，如小鱼虾、螺蛳、河蚌、蚬子、水生昆虫、蚯蚓、蝇蛆、黄粉虫、蚕蛹、动物内脏、猪肉皮、鱼粉等，也非常爱吃一些下脚料和死鱼烂虾。在动物性饲料缺乏时，鳖也吃蔬菜、南瓜、嫩草、小麦、大豆、玉米、高粱等植物性饲料，但以食动物性饵料为主。稚鳖尤喜欢食小鱼、小虾、水生昆虫、蚯蚓、水蚤等，成鳖喜欢食虾、蚬、蚌、泥鳅、蜗牛、鱼、螺蛳、动物尸体等，也食腐败的植物及幼嫩的水草、瓜果、蔬菜、谷类等植物性饵料。鳖的摄食能力很强，对饲料的需求量很大，各地在建立鳖养殖场时，可因地制宜采用不同的饵料配方，如在沿湖渔区可利用湖泊里捕捞的螺蛳、河蚌等底栖动物，将其搅碎后投喂。有蚕丝场的地方，可以利用富含高蛋白的蚕蛹。人工养殖时，除投喂上述饲料外，还可投喂新鲜的蚕蛹、蝇蛆、动物内脏及饼类、豆类等。鳖需要的营养物质比较全面，碳水化合物、脂肪、维生素、矿物质、粗纤维均需要，如缺少某种营养物质则会影响鳖的生长发育。为了保证鳖对各种营养成分的需要，提高其生长速度，最好将各种动物性和植物性饲料晒干，粉碎后按比例配合，制成配合饲料，定时、定量投喂。当高密度饲养时，除了投喂天然饵料外，还必须增喂配合饲料。

在食物不足时，鳖会自相残杀，相互蚕食。所以在人工养殖时，第一要保障饲料的足量投喂，第二需要将不同规格大小的鳖分池养殖，从而有效减少因自相残杀造成的损失。鳖的嗅觉十分灵敏，行动略迟缓，在捕食过程中，不主动追捕猎物，而是蜷缩在一旁不动，静待食物靠近后，迅速伸出头颈，将食物咬住捕猎，用两爪撕碎食物后吞食。鳖忍耐饥饿的能力特别强，即使长时间不进食，也可以存活很久，但个体会逐渐消瘦。

三、生长习性

鳖是冷血变温动物，生长速度受环境温度的制约很大，其活动能力也随水温变化而变化。鳖适宜摄食和生长的水温范围为 20 ℃～33 ℃，最适宜生长温度为 28 ℃～32 ℃，此时的鳖摄食能力最强，新陈代谢最快，生长速度最快。温度过高或过低时，鳖的生长均会受到限制，20 ℃以下摄食量下降，15 ℃以下停止摄食，活动停滞，10 ℃以下即钻入泥沙或石缝中冬眠。鳖在自然条件下，有一年一冬眠的习性，冬眠期间不吃食不活动，能量消耗较少,主要依靠体内积累的脂肪维持生命,冬眠时鳖靠喉咙部的鳃状组织等辅助呼吸器官进行呼吸,少量消耗体内贮存的营养物质即可提供整个冬眠期的能量需求。鳖冬眠期随地域的不同而不同,在广东、海南等地每年大约有 4 个月,湖南、湖北等地每年约 6 个月,而在东北等北方地区每年有 6 个月以上。在经过一个冬眠期后,鳖的体重一般要减轻 10%～20%,体质较差的鳖在越冬期间容易死亡。来年当水温高于 10 ℃以上时,鳖逐渐苏醒过来,此时鳖体内的脂肪含量最低,味道鲜美,这个时间也是江南油菜盛开的时节,所以天然美味的菜花鳖深受人们的喜爱。在自然生长条件下,鳖每年适宜的生长时间一般只有 5～6 个月,所以在自然条件下从稚鳖养成商品鳖(500 g/只左右)一般需 3～4 年。鳖的生长速度很慢,原因是其冬眠期长。在我国不同地区,鳖的生长速度不同。在我国台湾地区南部养殖 2 年可达 600 g 左右,在中部和北部则需 2～2.5 年时间才能达此体重;而在长江流域,在良好的饲养条件下,需在第 3 年末才达 500 g 左右,在华北和东北等地区则需 4～6 年达此体重。但在人工控温养殖条件下,鳖全年都可以生长。常年在温水条件下饲养,鳖不进行冬眠,其生长速度大大加快,一般 2 年时间即可达 500 g 左右。日本养鳖成功经验之一是将养鳖池水温常年控制在 30 ℃,养殖隔年孵出的稚鳖只需 14～15 个月,体重就可达600 g 左右。鳖的生长速度还与饲料丰度、生长发育时期和性别有较大的关系。饲料充足、摄入营养丰富时,鳖生长较为迅速。在不同年龄时期,鳖的生长速度不同,如在 1～2 龄,鳖相对生长速度快,而绝对增重率慢;在3～4 龄,鳖绝对生长速度快,而相对增重慢。在生长初期时,鳖雌雄个体生长速度相差不大,但当个体重量达到 100 g 后,雌性比雄性生长速度快;当个体重量达到 300 g 左右时,雌性和雄性生长速度相近;当个体重量超过400 g 时,雄性明显比雌性生长速度要快。

第三节 繁殖习性

中华鳖是雌雄异体动物,卵生生殖,体内受精,体外孵化。在自然条件下,体重 500 g 左右达到性成熟。不同地区的中华鳖性成熟年龄有所差别,温暖地区的鳖性成熟要早,寒冷地区的鳖性成熟要晚,华南地区性成熟期为 2～3 年,长江中下游流域为 4～5 年,华北地区为 5～6 年,东北地区 6～7 年。在温室控温养殖条件下,鳖性成熟只需要 2～3 年。

每年 3 月,鳖结束冬眠外出摄食,直到 4 月,营养积累足够,当水温达到 20 ℃以上时发情交配，最适宜的交配水温为 25 ℃～28 ℃。鳖的交配在凌晨 3 时左右，交配前，雄性鳖开始追逐雌性鳖，最后骑在雌性鳖的背上，将其尾部交接器插入雌性鳖泄殖腔中，在体内完成受精。交配时间长短不一，一般在 5～15 分钟。交配后 2 周，雌鳖开始产卵，最适宜的产卵水温为25 ℃～29 ℃。产卵时间一般在夜间或黎明。产卵前鳖爬上岸寻找离水不远、地势较高、安静僻静的泥沙滩作为产卵场所。产卵时鳖先用后肢挖土掘洞（洞深一般 10～12 cm，直径 10～15 cm，呈漏斗状），然后将尾巴伸入洞内，卵产在其中，待产完一窝卵后，便用后肢扒土覆盖洞穴，抹平洞口，并用身体压实。雌鳖依其年龄个体大小、体质强弱和饵料优劣，产卵窝数、每窝卵数都有所不同。一般年龄大，个体规格大，营养条件好的雌性鳖怀卵量多，产卵批次和产卵数量也多，反之则少，但鳖年龄太大的，由于其生理功能退化，产卵量反而会减少。一般鳖一年中可产卵 3～5 次，年产30～50 枚，平均每批次产卵为 15～20 枚。两次产卵前后相隔 2～3 周，到立秋前后终止产卵。体重在 500 g 以下的雌性鳖产卵量少，而且卵的质量不高，体重在 1500 g 以上的雌性鳖产卵量大，卵的质量高，一般产卵量可达到 50～100 个，同时卵的个体规格大，大小较为均匀。

　　鳖卵呈圆形，淡黄色或乳白色，外包裹较硬的钙质硬壳，卵径一般为 1.5～2.0 cm，重量 3～6 g。鳖初次产卵的规格比较小，一般卵径在 1.3 cm，重量在3 g 左右，当再次产卵时，卵的大小规格逐年变大。鳖卵的自然孵化是依靠太阳光线的加温作用，自然条件下，鳖卵的孵化时间为50～70 天，孵化时间的长

图 2-3　鳖卵

短主要与孵化积温有关。当孵化温度为 30 ℃时，需要 50 天左右的孵化时间，温度越低，孵化时间越长。刚孵化出来的稚鳖对水很敏感，经过 2～3天其脐带自动脱落后，就自己从洞中爬出，进入临近水域自主生活。鳖卵见图 2-3。

第四节　遗传学特性

一、细胞遗传学特性

中华鳖体细胞染色体数：$2n=66$。中部着丝染色体 2 对，亚中部着丝染色体 4 对，端部着丝染色体 8 对，点状染色体 19 对。染色体臂数（NF）78，见图 2 - 4。

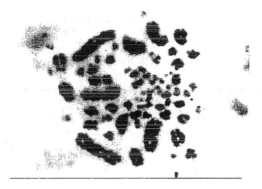

a）染色体标本图

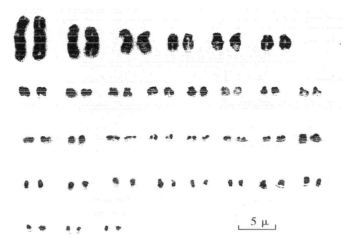

5 μ

b）染色体组型图

图 2 - 4　染色体标本和组型图

二、生化遗传学特性

中华鳖肌肉乳酸脱氢酶（LDH）同工酶有 5 条酶带，见图 2-5。

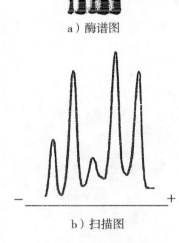

a）酶谱图

b）扫描图

图 2-5　乳酸脱氢酶图谱

第五节　主要品系

中华鳖，又名水鱼、鳖、团鱼，体扁平，长圆形，是我国的本土和主要养殖品种，其营养丰富，富含人体所需的脂肪、多种氨基酸、维生素和矿物质，肉质细嫩，味道鲜美；中华鳖是我国传统的上等中草药材，具有极高的药用价值，是滋阴补肾的佳品，有滋阴壮阳，软坚散结、化瘀和延年益寿的功能。长沙马王堆出土的食谱中就有鳖，这说明湖南人民早在2000 多年前的汉代就烹食鳖了，药食同源的鳖，深受广大消费者青睐。中华鳖没有有效的亚种分化，却存在着地理变异。因我国地域辽阔，南北生态气候差距较大，所以各地的种质和体色略有差异。

一、洞庭湖品系（湖南鳖）

中华鳖在全国各地均有出产，而以洞庭湖区的鳖品质最佳，《墨子》记述楚国"鱼鳖鼋鼍为天下富"。《新唐书·地理志》曾记载岳州向朝延进贡鳖甲。洞庭湖品系中华鳖主要分布在湖南、湖北和四川部分地区，其个大体薄，裙边宽厚，体形与江南花鳖基本相同，但腹部无花斑，特别是在鳖苗阶段其腹部体色呈橘黄色，它是我国较有价值的地域中华鳖品系，生长和抗病性能强，肉质鲜美，深受消费者喜爱。

二、太湖品系（江南花鳖）

中华鳖的太湖品系主要分布在太湖流域的浙江、江苏、安徽、上海一带，被称为江南花鳖。除了具有中华鳖的基本特征外，背上有十个以上的花点，腹部有块状花斑，形似戏曲脸谱。江南花鳖是一个有待选育的地域品系。它在江苏、浙江、上海地区深受消费者喜爱，售价也比其他鳖高，特点是抗病力强，肉质鲜美。

三、鄱阳湖品系（江西鳖）

鄱阳湖品系主要分布在湖北东部、江西及福建北部地区，成体形态与太湖鳖相似，但出壳稚鳖腹部呈橘红色、无花斑，生长速度与太湖鳖相当。

四、西南品系（黄沙鳖）

西南品系是我国西南地区的一个地方品系，体长圆、腹部无花斑、体色较黄，成鳖体背可见背甲肋板。其食性杂、生长快，但因长大后体背可见背甲肋板，在有些地区会影响销售形象。在工厂化养殖环境中鳖的体表呈褐色，有几个同心纹状的花斑，腹部有与太湖鳖一样的花斑。生长速度在工厂化环境中比一般中华鳖品系快。

五、台湾品系（台湾鳖）

台湾品系主产于我国台湾南部和中部，体表和形态与太湖鳖相似，但养成后体高比例大于太湖品系。台湾品系是我国目前工厂化养殖较多的中华鳖地域品系，因其性成熟较国内其他品系早，所以很适合工厂化养殖及小规格商品上市（400 g 左右），不适合野外池塘多年养殖。

六、北方品系（北鳖）

北方品系主要分布在河北以北地区，体形和特征与普通中华鳖一样，但抗寒性强。在越冬试验中，北鳖在－5 ℃～10 ℃的气温中水下越冬，成活率较其他地区的高35%，北方品系是一个很适合北方和西北地区养殖的优良品系。

七、黄河品系（黄河鳖）

黄河品系主要分布在黄河流域的甘肃、宁夏、河南、山东境内，其中以河南、宁夏和山东黄河口的鳖为最佳。由于特殊的自然环境和气候条件，黄河鳖具有体大裙宽、体色微黄的特征，很受市场欢迎，生长速度与太湖鳖相当。

八、其他

除本土养殖的中华鳖外，我国还引进养殖日本鳖。日本鳖主要分布在日本关东以南的佐贺、大分和福冈等地，也有传说目前我国引进的日本鳖原本是我国太湖鳖流域的中华鳖经日本引入后选育而成（但未见有文献报道），故也有叫日本中华鳖的，后被农业农村部定为中华鳖（日本品系）。雄性长圆，雌性圆而略长，裙边宽厚，体背有芝麻粒大小的白点。肉质鲜美，营养丰富，是出口日本的主要鳖品种，在国内也很受消费者青睐，但它的市场价格高于其他品种。

第三章　鳖的营养需求

中华鳖以其营养、药用价值高和味美等特点走俏国内外市场，深受广大消费者青睐。与所有养殖动物一样，鳖也需要蛋白质、脂肪、碳水化合物、维生素、矿物质等营养要素来维持其正常的生长需求，这些营养物质在体内主要用于供给能量、构造机体以及用于生理功能的调节，不同类型的营养物质在体内所起的作用也不尽相同。鳖属两栖爬行动物，它区别于鱼类和陆生动物，鳖对各种营养物质的利用也同样区别于鱼类等动物。因此，鳖的营养需求不同于鱼。鳖对蛋白质和脂肪的需求比鱼类高；在能量的供给上，陆生动物首先消耗碳水化合物供给能量，其次是蛋白质，而鳖则首先消耗脂肪供给能量，其次是蛋白质和碳水化合物；鳖对淀粉的利用率很低，在对无机盐的需求上也有别于鱼类等动物。

第一节　鳖对蛋白质的营养需求

一、蛋白质概述

蛋白质是组成一切细胞、组织的重要成分。机体所有重要的组成部分都需要有蛋白质的参与，蛋白质最重要的功能还是其与生命现象密切相关。蛋白质是生命的物质基础，是有机大分子，是构成细胞的基本有机物，是生命活动的主要承担者。没有蛋白质就没有生命，它是与生命及与各种形式的生命活动紧密联系在一起的物质。机体中的每一个细胞和所有重要组成部分都有蛋白质参与。

蛋白质是一种复杂的有机化合物，氨基酸是组成蛋白质的基本单位，氨基酸通过脱水缩合连成肽链。蛋白质是由一条或多条多肽链组成的生物大分子，每一条多肽链有 20 至数百个氨基酸残基（—R）不等，各种氨基酸残基按一定的顺序排列。蛋白质的氨基酸序列是由对应基因所编码。除了遗传密码所编码的 20 种基本氨基酸，在蛋白质中，某些氨基酸残基还可以被翻译后修饰而发生化学结构的变化，从而对蛋白质进行激活或调控。多个蛋白质往往是通过结合在一起形成稳定的蛋白质复合物，折叠或螺旋构成一定的空间结构，从而发挥某一特定功能。蛋白质的不同在于其氨基酸的种类、数目、排列顺序和肽链空间结构的不同。

二、蛋白质的作用与需求

蛋白质对鳖的生长发育至关重要，是构成鳖身体的重要组成成分，鳖通过从食物中获取蛋白质然后将其分解为多种氨基酸被机体吸收，然后通过一系列生命活动，将其合成为机体所需的各种蛋白质。鳖对食物中蛋白质含量的需求非常高，如果蛋白含量不足会严重制约鳖的生长繁殖。鳖对蛋白质的需求一般是稚幼期高，随着个体的长大，需要量也逐渐减少。鳖对蛋白质的需求也受到蛋白质质量、原料粒度、水质条件等多种因素影响。据日本学者川崎义一和我国水产界专家吴遵霖、徐旭阳、程伶等多位研究人员研究结论得知，在 28 ℃～30 ℃水温条件下，稚鳖蛋白质需要量为50%；幼鳖（50.77～61.90 g）在水温 21.5 ℃～31.5 ℃条件下，最适饲料蛋白含量为 47.32%～49.16%；成鳖（117.66～151.67 g）在水温 28 ℃～34 ℃条件下，最适蛋白质水平为 43.32%～45.05%。因此一般认为稚鳖年龄小，生长代谢旺盛，所需蛋白质的含量就高。所以，稚鳖蛋白需求高于成鳖。多种研究表明鳖适宜的饲料蛋白含量为：稚鳖 50%左右，幼鳖 45%左右，成鳖 40%左右。当饲料中蛋白水平达到一定限度以后，增加蛋白水平不仅不能提高鳖的生长速度，反而会影响鳖的正常生长，降低鳖的增重率和饲料效率。

鳖对动物蛋白利用能力强，对植物蛋白利用能力低。鳖对动物蛋白的需求比例远高于植物蛋白。试验表明，在粗蛋白含量相同的条件下，逐步用豆饼替代鱼粉作为蛋白源，随着豆饼比例的不断增加，鳖的增重率和饲料利用率逐步降低，生长受到抑制。当动植物蛋白比例为（6.0～6.5）：1时，其饲养效果和诱食效果都很好。鳖对植物蛋白有一定忍受范围，植物蛋白含量在 15%以内，鳖正常摄食，生长良好；超过 15%时，鳖的生长受阻；植物蛋白含量在 30%以上时，鳖表现为严重不适，摄食量减少乃至停止摄食。动物蛋白饲料中，以白鱼粉效果最佳，白鱼粉氨基酸组成全面、合理，其腥味对鳖有引诱和促进摄食作用。

影响鳖对蛋白质需求的因素有很多，如个体年龄和发育阶段不同的影响，鳖的个体越小，代谢越旺盛，其对蛋白质的需求就越高。饲料中氨基酸种类和比例合适，才能被最大限度地用于合成鳖身体所需的蛋白质，否则会形成浪费。其他如脂肪和碳水化合物的比例以及饲料中的添加剂等，也都会直接影响到饲料中蛋白质的吸收。

三、不同养殖模式下鳖对蛋白质的需求

不同的养殖模式、养殖目的及养殖环境，都会影响鳖对蛋白质的需求量。如养殖环境中天然饵料较多，可以适当降低饲料蛋白质含量；生态养殖或者观赏养殖，不需要养殖鳖生长很快，而着重注意保持品质时，也可以不必保持饲料中非常高的蛋白质含量；只有控温养殖，追求较快的生长速度和较高的增重率时，饲料中蛋白质水平需求才要高一些。过高的蛋白质含量容易造成养殖鳖脂肪肝等疾病的发生，所以在养殖模式及蛋白质水平上要注意相互平衡和制约。

仿野生养殖模式：不投喂配合饲料，这就要以天然饵料为主，植物性饲料为辅。天然饵料以蚯蚓、蝇蛆、野杂鱼及螺蚌肉等为主，植物性饲料以瓜果蔬菜、水生植物等为主。动植物饲料搭配比例为9∶1较为适宜，该模式养殖的鳖口味与品质基本和野生鳖相当。

生态养殖模式：以配合饲料为主，天然动植物饲料为辅，在外塘开展生态养殖，其天然动植物饵料比例越高，鳖风味与品质越好。

控温养殖模式：主要以配合饲料为主的养殖模式，养殖周期短，产量高，生长速度快，但鳖的健康和品质问题难以解决。

四、鳖体内氨基酸的组成

一般认为养殖品种对于蛋白质的需求实际是对于必需氨基酸的需求，因此影响饲养效果的主要条件不单单是蛋白质含量的高低，而是必需氨基酸组成是否匹配养殖动物的营养需求。根据鳖氨基酸的比例，配合饲料中氨基酸的组成比例与鳖自身或肌肉氨基酸的组成比例越接近，养殖效果会更好。鳖机体氨基酸组成见表3-1。

表 3 - 1 鳖机体氨基酸组成

单位：%

	氨基酸	稚鳖	1 龄鳖	2 龄鳖	3 龄鳖	平均含量	占必需氨基酸比例	占氨基酸比例
必需氨基酸	苏氨酸	4.46	3.95	4.09	4.51	4.25	9.02	4.62
	缬氨酸	4.84	4.36	4.66	5.09	4.73	10.03	5.14
	蛋氨酸	3.30	3.15	3.43	3.68	3.39	7.19	3.69
	苯丙氨酸	4.96	4.40	4.72	5.16	4.81	10.2	5.23
	异亮氨酸	4.80	4.36	4.71	5.29	4.79	10.16	5.21
	亮氨酸	8.35	7.54	8.02	8.78	8.17	17.33	8.89
	赖氨酸	8.14	6.33	6.98	8.27	7.43	15.76	8.08
	组氨酸	2.92	2.51	2.72	3.42	2.89	6.13	3.14
	精氨酸	6.57	5.34	5.55	6.70	6.04	12.81	6.57
合计		48.34	41.94	44.88	50.9	47.14	100	51.27
非必需氨基酸	天冬氨酸	9.36	8.47	8.89	9.99	9.2	20.53	10
	丝氨酸	3.81	3.41	3.51	3.87	3.65	8.15	3.97
	谷氨酸	15.34	13.95	14.82	16.49	15.15	33.81	16.48
	甘氨酸	5.82	4.52	5.16	5.64	5.29	11.81	5.75
	丙氨酸	5.77	5.01	5.4	5.97	5.54	12.36	6.03
	脯氨酸	1.98	1.26	1.86	2.58	1.92	4.28	2.09
	胱氨酸	0.86	0.34	0.33		0.51	1.14	0.55
	酪氨酸	3.47	3.00	3.18	3.59	3.31	7.39	3.60
	鸟氨酸			0.24		0.24	0.54	0.26
合计		46.41	39.96	43.48	48.13	44.81	100	48.73
总计		94.75	81.9	88.36	99.03	91.95	100	100

数据引自汤峥嵘，1998.

为了平衡饲料中氨基酸，可以通过多种饲料合理搭配的方式，相互补充，因为各种饲料原料中的氨基酸组成各不相同，比如可将鱼粉与豆粕、花生粕按一定比例搭配，弥补各自的不足。同时可以通过在饲料中添加合成氨基酸，来提高饲料蛋白质利用率，降低饲料成本，相关研究表明饲料中添加赖氨酸能提高饲料利用率，提高鳖的特定生长率。目前在饲料中添加赖氨酸、蛋氨酸等已十分普遍。

第二节 鳖对碳水化合物的营养需求

一、碳水化合物概述

碳水化合物是由碳、氢和氧三种元素组成，由于它所含的氢氧的比例为 $2:1$ ，和水一样，故称为碳水化合物。它是为机体提供能量的三种主要的营养素中最廉价的营养素。食物中的碳水化合物分成两类：可以吸收利用的有效碳水化合物如单糖、双糖、多糖和不能消化的无效碳水化合物，如纤维素。碳水化合物是人体必需的物质。碳水化合物是一切生物体维持生命活动所需能量的主要来源。它不仅是营养物质，而且有些还具有特殊的生理活性。例如：肝脏中的肝素有抗凝血作用；血液中的糖与免疫活性有关。因此，碳水化合物对医学来说，具有更重要的意义。碳水化合物是自然界存在最多、具有广谱化学结构和生物功能的有机化合物，有单糖、寡糖、淀粉、半纤维素、纤维素、复合多糖，以及糖的衍生物，主要由绿色植物经光合作用形成，是光合作用的初期产物。从化学结构特征来说，它是含有多羟基的醛类或酮类的化合物或经水解转化成为多羟基醛类或酮类的化合物。例如葡萄糖，含有 1 个醛基、6 个碳原子，叫己醛糖。果糖则含有 1 个酮基、6 个碳原子，叫己酮糖。碳水化合物与蛋白质、脂肪同为生物界三大基础物质，为生物的生长、运动、繁殖提供主要能源，是必不可少的重要物质之一。

二、鳖对碳水化合物利用特点

鳖对低分子碳水化合物的消化吸收要高于高分子碳水化合物，而几乎不吸收纤维素。鳖饲料中碳水化合物的需求量一般不超过 30%，说明鳖对碳水化合物利用能力较差。鳖对碳水化合物的需求是有限度的，饲料中碳水化合物含量过高，鳖容易出现肝胆综合征。且当饲料中碳水化合物含量超过适宜限度后，随着碳水化合物的增加，鳖的增重率和蛋白效率开始下降。所以在鳖饲料中合理地添加碳水化合物能提高蛋白效率，加速鳖的生长，降低饲料成本。

三、鳖对碳水化合物的需求

鳖饲料中的碳水化合物主要是淀粉和纤维素，它们能给鳖提供充足的能量，一部分被机体分解为水和二氧化碳后为机体提供能源，另一部分在肝脏和肌肉中合成糖原，在需要时能供机体分解释放能量，如果机体内糖原过多会转化为脂肪储存。碳水化合物也是机体的重要组成部分，如细胞中的单糖。此外，充足的碳水化合物能避免鳖机体内的蛋白质和脂肪被过多分解利用。鳖饲料中的淀粉不仅能够直接被分解成为单糖吸收利用，同时也是一种非常常用的黏合剂。而纤维素虽然不能被机体直接吸收利用，但其能控制营养物质在机体内的消化吸收速度。

碳水化合物也称糖类，其不仅可为机体供给能量，还可用作饲料黏合剂。川崎义一研究碳水化合物发现，在碳水化合物 α-淀粉、糊精、蔗糖、纤维素中，鳖对 α-淀粉的利用效果最好，增肉率以 α-淀粉为 20% 的添加量时最高，饲料效率以 α-淀粉为 30% 的添加量时最高。徐旭阳等（1991）报道，成鳖对 α-淀粉的适宜需要量为 22.73%～25.27%，纤维素添加量应小于 10%，幼鳖对碳水化合物需求量略低于成鳖。鳖对碳水化合物的利用能力不强，一般消化率在 65% 左右，所以鳖饲料中的碳水化合物含量一般在 20%～28% 为宜，适当的碳水化合物能够提高鳖对蛋白质的利用，提高饲料转化率，促进其生长发育，饲料中粗纤维的含量在 5% 左右，能有助于刺激鳖消化酶的分泌，促进肠道蠕动和蛋白质吸收。

第三节　鳖对脂肪的营养需求

一、脂肪概述

脂类是油、脂肪、类脂的总称。食物中的油脂主要是油和脂肪，一般把常温下是液体的称作油，而把常温下是固体的称作脂肪。脂肪由碳、氢、氧三种元素组成，是由甘油和脂肪酸组成的甘油三酯，其中甘油的分子比较简单，而脂肪酸的种类和长短却不相同。脂肪酸分三大类：饱和脂肪酸、单不饱和脂肪酸、多不饱和脂肪酸。多不饱和脂肪酸是指含有两个或者两个以上双键且碳链长度为 18～22 个碳原子的直链脂肪酸。脂肪可溶于多数有机溶剂，但不溶于水，是一种或一种以上脂肪酸的甘油酯。脂肪是重要的能量和必需脂肪酸来源，同时还是脂溶性维生素的载体，其中的磷脂在细胞膜结构中起重要的作用，而胆固醇是各种类固醇激素的前体，具有重要的生理作用。一般认为不饱和脂肪酸是动物的必需脂肪酸。

二、鳖对脂肪利用的特点

鳖对脂肪的消化吸收率较高，有研究表明鳖对饲料中脂肪的消化率达到80%，比对碳水化合物利用的消化率高15%以上。所以在饲料中添加适量脂肪可以减少其他蛋白质添加量，提高饲料利用率。有研究表明鳖对常温下呈液态的油脂利用率较高，比如鳖对玉米油的利用率高于动物油脂，表明其对熔点低的脂肪利用率更高。同时要注意鳖对脂肪酸种类的需求，鳖肌肉中不饱和脂肪酸含量超过70%，但饱和脂肪酸含量不到30%，不饱和脂肪酸含量远远高于饱和脂肪酸含量，所以在饲料中添加脂肪酸要顾及鳖对不饱和脂肪酸的需求量高的特点。但油脂极易在空气中氧化，在鳖饲料中添加油脂要注意不要使用储存时间过久的植物油，添加的植物油要在阴凉处密封保存，同时添加植物油最好现用现加。若饲料需要储存时间较长不是现加现用时，可以在饲料中添加一部分抗氧化剂，减少油脂的氧化反应。油脂的添加量不宜超过5%，添加油脂以鱼油最好，玉米油和其他植物油次之。同时为了减少氧化油脂对鳖机体的损害，可以加入适量的维生素E。

三、鳖脂肪酸的组成

对鳖脂肪酸组成的研究，可以为鳖脂肪酸的需求提供必要的参考，鳖脂肪酸组成见表3-2。

表3-2 鳖脂肪酸组成

单位%

项目	1龄鳖	2龄鳖	3龄鳖	温室鳖
肉豆蔻酸	3.90	4.19	3.68	3.92
软脂酸	17.54	14.73	15.63	15.97
棕榈油酸	6.40	5.24	9.46	7.03
硬脂酸	6.31	4.68	3.91	4.97
油酸	32.43	33.92	41.68	36.01
亚油酸	4.49	8.72	4.67	5.96
亚麻酸	4.13	6.01	3.62	4.59

续表

项目	1龄鳖	2龄鳖	3龄鳖	温室鳖
花生四烯酸	5.52	4.40	2.52	4.15
花生五烯酸	7.79	6.94	6.18	6.98
不饱和脂肪酸	72.24	77.29	76.77	75.43
高度不饱和脂肪酸	33.41	38.12	25.63	32.39

数据引自王道遵，1998.

四、鳖对脂肪酸的需求

鳖对能量的需求量比一般水生动物高，这是因为鳖是水陆两栖动物，陆上运动比水中运动耗能更多。鳖是排尿酸型动物，在蛋白质分解代谢和排泄中能量损失较多。加之鳖对碳水化合物的消化利用率不高，故在鳖饲料中适当添加油脂非常必要，既可增加能量来源，也可提供鳖所需的脂肪酸，还能改善鳖饲料的适口性。川崎义一发现含有大量亚油酸的植物性油脂对鳖的促生长效果最好，配合饲料中添加3%～5%的玉米油可提高饲料效率1.5倍。但在鳖养殖中，特别是高密度养殖中，鳖脂肪肝病发病情况较为严重，所以考虑到养殖健康结合部分研究成果，对鳖饲料脂肪的含量以4%～6%为宜，添加不宜过多，适当地添加有益于饲料利用率和生长率的提高。亦有研究表明鳖对十八碳以下的不饱和脂肪酸可以利用其他物质合成，而对于十八碳以上的不饱和脂肪酸则不能或者合成能力较低，在饲料中添加二十二碳六烯酸（DHA）和二十碳五烯（EPA）可以改变鳖的风味和品质。

第四节　鳖对维生素的营养需求

一、维生素概述

维生素又名维他命，通俗来讲，即维持生命的物质。维生素是人和动物为维持正常的生理功能而必须从食物中获得的一类微量有机物质，在生长、代谢、发育过程中发挥着重要的作用。维生素是维持机体健康所必需的一类有机化合物。这类物质在体内既不是构成身体组织的原料，也不是能量的来源，而是一类调节物质，在物质代谢中起重要作用。由于体内不能合成这类物质或合成量不足，所以虽然需要量很少，但必须经常由食物供给。维生素在体内的含量很少，但不可或缺。各种维生素的化学结构以及性质不同，维生素的定义中要求维生素满足以下四个特点，才可以称之为必需维生素：

外源性：自身不可合成，需要通过食物补充。

微量性：所需量很少，但是可以发挥巨大作用。

调节性：维生素必须能够调节新陈代谢或能量转变。

特异性：缺乏了某种维生素后，将呈现特有的病态。

维生素是个庞大的家族，是分子量很小的有机化合物，现阶段所知的维生素就有几十种，分为脂溶性维生素和水溶性维生素。绝大多数维生素是辅酶和辅基的基本成分，它参与动物体内生化反应及各种新陈代谢。动物体内缺乏维生素便会引起某些酶的活性失调，导致新陈代谢紊乱，也会影响生物体内某些器官的正常功能。鳖维生素缺乏时，生长缓慢，同时还有出现各种疾病的可能。

二、维生素的作用

维生素是 19 世纪的伟大发现之一。1897 年，艾克曼在爪哇发现只吃精磨的白米会患脚气病，而食用未经碾磨的糙米能治疗这种病。并发现可治脚气病的物质能用水或乙醇提取，当时称这种物质为"水溶性 B"。1906 年艾克曼证明食物中含有除蛋白质、脂类、碳水化合物、无机盐和水以外的"辅助因素"，其量很小，但为动物生长所必需，这种"辅助因素"即为维生素。各类维生素的作用：

维生素 A，多存在于鱼肝油、动物肝脏、绿色蔬菜中，缺少维生素 A 易患夜盲症。维生素 A 是细胞代谢和亚细胞结构的重要成分，有促进生长发育，维护骨骼健康及提高抵抗力的作用。

维生素 B_1，多存在于酵母、谷物、肝脏、大豆、肉类中。其具有维护神经、消化和循环系统，促进机体发育的功能。

维生素 B_2，缺少维生素 B_2 易患口舌炎症（口腔溃疡）等。具有促进蛋白、脂肪、糖类代谢，促进生长、保持皮肤和黏膜完整性的作用。

维生素 B_3，多存在于烟碱酸、尼古丁酸、酵母、谷物、肝脏、米糠中。

维生素 B_4，蛋类、动物的脑、啤酒酵母、麦芽、大豆卵磷脂含量较高。

维生素 B_5，多存在于酵母、谷物、肝脏、蔬菜中。具有抗应激、抗寒冷、抗感染、抵抗某些抗生素毒性的作用。

维生素 B_6，多存在于酵母、谷物、肝脏、蛋类、乳制品中。具有抑制呕吐、促进发育等功能。

生物素，也被称为维生素 H 或辅酶 R，水溶性。多存在于酵母、肝脏、谷物中。

维生素 B_9（叶酸），水溶性。也被称为蝶酰谷氨酸、蝶酸单麸胺酸、维生素 M 或叶精。多存在于蔬菜叶、肝脏中。

维生素 B_{12}，多存在于肝脏、鱼肉、肉类、蛋类中。其也是红细胞生成不可缺少的重要元素，如果严重缺乏，将导致恶性贫血。

肌醇，水溶性，多存在于心脏、肉类中。

维生素 C，抗坏血酸，水溶性。多存在于新鲜蔬菜、水果中。具有提高机体耐缺氧能力、抵抗细菌和病毒侵染、提高鳖的受精率和孵化率、减少鳖死亡的作用。

维生素 D，钙化醇，脂溶性。这是唯一一种人体可以少量合成的维生素。多存在于鱼肝油、蛋黄、乳制品、酵母中。

维生素 E，生育酚脂溶性。多存在于鸡蛋、肝脏、鱼类、植物油中。其有"护卫使"之称。在身体内具有良好的抗氧化性、保持红细胞的完整性、促进细胞合成、抗污染、抗不孕的功效。

维生素 K，萘醌类，脂溶性。主要有天然的来自植物的维生素 K_1、来自动物的维生素 K_2 以及人工合成的维生素 K_3 和维生素 K_4。又被称为凝血维生素。多存在于菠菜、苜蓿、白菜、肝脏中。

三、鳖体内维生素组成

鳖体内维生素组成见表 3-3。

表 3-3　鳖体内维生素组成

单位：mg/100 g

项目	鳖			
	肌肉	卵	肝	全粉
维生素 A	0.21	1.47	90.24	0.91
维生素 B_1	2.7	8.99	3.13	0.07
维生素 B_2	1.2	5.12	3.31	0.73
维生素 B_6				155

续表

项目	鳖			
	肌肉	卵	肝	全粉
维生素 B_{12}				5.7
维生素 C	6.6			
胆碱				0.14
维生素 E	4.08	113.66	20.76	53
烟酸				5.73
叶酸				0.13
泛酸				0.75
生物素				12.5
肌醇				0.1
维生素 D_3	0.021	0.147	0.21	20.25

四、鳖对维生素的需求

维生素是鳖生长不可或缺的组成部分，鳖对各类维生素的需求量极少，但由于绝大多数维生素不能在鳖体内合成，也不宜长时间储存在鳖组织中，所以鳖所需的维生素需要从外源性饲料饵料中获得。鳖在不同生长阶段对维生素需求也不尽相同，一般来说幼体阶段要高于成体阶段。有研究表明稚鳖不能自身合成维生素 C，而体重为 776 g 的雄鳖肾组织合成维生素 C 能力最大。稚鳖时期由于骨骼生长快，对维生素 D 的需求量大；在繁殖阶段，则因为性腺发育的需要，对维生素 E、维生素 B_1、维生素 B_2 需求量增大。此外，不同性别、生理阶段、养殖方式、饲料添加剂使鳖对维生素的需求也是有差异的，如鳖生病时由于合成维生素 C 的能力下降，此时需要额外地添加维生素 C。饲料营养成分中蛋白质含量增加，维生素 B_6 含量需要相应增加；脂肪含量增加；维生素 E 含量需要增加，碳水化合物含量增加，维生素 B_1 含量需要增加。维生素之间也会起到相互影响甚至相互制约的作用，如维生素 C 过多会破坏维生素 B_{12}，胆碱会降低其他维生素的活性，维生素 E 对维生素 A 具有保护作用。所以整个鳖养殖阶段维生素适宜的需求量和添加量是一个非常复杂的工作，想做到最经济合理，还需要更进一步的试验研究。

目前国内大型鳖饲料生产企业，都能严格根据鳖不同生长阶段配比相应的维生素及矿物质，但这些配方是基于鳖正常生长阶段所设定的，如若鳖处于应激或发病状态，机体会消耗更多的营养物质，包括维生素及矿物质，在这种情况下，如若不及时补充，鳖在后期的生长过程中即会表现出缺乏症状：

缺乏维生素 A 表现为：白内障、眼睛出血；表皮及肾脏出血、腹水。

缺维生素 D 表现为：生长缓慢，背甲隆起，裙边窄（极少缺乏）。

缺乏维生素 E 表现为：稚鳖容易患真菌病，亲鳖繁殖力下降，产卵量减少；成鳖肌肉营养不良，蛋白质含量少，风味下降，肉质差（不易缺乏）。

缺乏维生素 B 族表现为：消化不良，食欲差；贫血；容易出现腐皮、疖疮，伤口难愈合（极易缺乏）。

鳖维生素缺乏时表现为生长缓慢，形成代谢障碍，会影响正常的生理功能，并出现各种疾病。川崎义一报道，从生长率的角度看，维生素 B_6、烟酸、维生素 B_{12} 缺乏时，鳖生长发育不良，食欲减退、瘦弱、繁殖力下降。邵庆均对中华鳖幼鳖生长和组织研究发现，幼鳖饲料中维生素 C 添加量为 184 mg/kg 时，幼鳖生长情况最佳。所以为了促使鳖快速生长，在饲料中添加复合维生素是必不可少的。

第五节　鳖对矿物质的营养需求

一、矿物质概述

矿物质是地壳中自然存在的化合物或天然元素，又称无机盐，是机体内无机物的总称，是构成机体组织和维持正常生理功能必需的各种元素的总称。它们在体内不能自行合成，必须由外界环境供给，并且在组织的生理作用中发挥重要的功能。它是构成动物骨骼、牙齿的重要成分，也为多种酶的活化剂、辅因子或组成成分。某些具有特殊生理功能物质的组成部分，有维持机体的酸碱平衡及组织细胞渗透压，维持神经肌肉兴奋性和细胞膜的通透性的作用。

二、鳖体内矿物质组成

各种矿物质在机体新陈代谢过程中，每天都有一定量随各种途径，如粪、尿、皮肤及黏膜的脱落排出体外。因此，必须通过饮食补充矿物质。

由于某些无机元素在体内，其生理作用剂量带与毒性剂量带距离较小，故过量摄入不仅无益反而有害，特别要注意用量不宜过大。鳖体矿物质组成见表3-4。

表3-4 鳖体矿物质组成（鲜重）

单位：mg/100 g

测定元素		中华鳖		
		肌肉	背甲	全鳖
常量元素	钾	303	1349	89.66
	钠	252.8	65.9	35.02
	钙	75.7	21961.3	1479.31
	镁	10.5	28	19.02
	磷	3.15	212.51	999.29
微量元素	铁	36.7	8.8	8.15
	锌	3.32	8.12	4.23
	铜	0.65	0.64	0.18
	硒	0.54	1.5	0.012
	钼	0.37	4.13	0.24
	锰	0.14	0.82	4.2
	铬	0.073	0.628	
	钴			0.043
	硅	8.2	75.11	
	铝	0.57	37.47	
	砷	0.44	4.13	
	铅	0.42	2.51	
	锑	0.23	3.79	
	镍	0.07	1.49	
	锡	0.033	0.74	
	锶	0.005	40.31	
	镉	0.002	0.073	

数据引自王道遵（1998），陈焕全（1998）。

三、鳖对矿物质的需求

鳖可以从水环境中吸收少量的矿物质，但不能满足其正常的生长发育需要，还需要通过饲料补充部分矿物质。矿物质在鳖饲料配方中所占配比极小，但其对维持鳖正常生长及防病抗病能力，乃至保证商品鳖食用时的口感都起着非常重要的作用。鳖所需的矿物质有钙、磷、钾、钠等常量元素和铁、铜、锌、硒等微量元素。矿物质是构成鳖骨骼所必需又是构成细胞组织不可缺少的物质，它参与调节细胞渗透压和酸碱度，参与辅酶代谢作用，参与造血和血红蛋白的形成。鳖不同生长阶段，对矿物质的需求是不同的，在幼体阶段对钙、磷的需求量较高，在成体阶段则低一些，另外各种矿物质由于协同作用、拮抗作用、制约作用等，也存在着相互影响的关系，如钙磷比不适宜时，会降低另一元素的吸收率，其他如高含量的钙可以降低铅的毒性，高含量的锌可以降低动物对铅的耐受性等。矿物质的吸收与利用还与饲料中维生素、蛋白质、脂肪、碳水化合物含量等相互制约与协同，所以饲料矿物元素的添加量要综合考虑多方因素。鳖如缺乏无机盐类，不但影响生长发育，也会引起一些疾病。鳖缺少某些矿物质时，会影响其正常生长，如缺钙会导致骨质疏松、生长缓慢、饲料系数高、死亡率高。缺磷会导致骨骼钙化、畸形率高、肺肿大、饲料系数高、死亡率高。缺镁会导致肌肉松弛、骨骼畸形、摄食差、死亡率高。缺钠、钾会导致生长不良，蛋白质利用率下降。缺铁会导致贫血症。缺铜会导致骨骼生长发育不良。

第四章　中华鳖饲料种类及投喂技术

中华鳖是以动物性食料为主的杂食性动物，食谱范围广，其饵料种类多、来源也广。在天然条件下，鳖可食鱼、虾、蛙、蚯蚓、螺、蚌、蚬等，也摄食一些植物性饵料，如瓜、菜、浮萍等。在人工养殖的情况下，还可摄食配合饲料、动物内脏以及饼类、麦类、玉米、大豆、南瓜等。刚孵出的稚鳖其开口饵料以丝蚯蚓、水蚤为佳。

要做好中华鳖的人工养殖，首先要根据中华鳖的食性、饵料的种类，因地制宜、多种渠道解决好饵料的来源，并采取科学的投喂方法，满足中华鳖在不同生长阶段的需求，使鳖能够摄食到充足的营养物质，以促进生长，降低饵料系数，提高商品鳖的品质，最大限度地发挥中华鳖的养殖经济效益。

第一节　鳖饵料的种类

中华鳖是杂食性动物，尤喜食动物性饵料。为保证鳖的生长发育需要，应根据其不同发育阶段的营养需求来配制饲料，以达到预期的养殖效果。在人工养殖生产中其饵料一般分为三大类，即动物性饵料、植物性饵料及人工配合饲料。

一、动物性饵料

动物性饵料主要有鱼、虾、螺蚌等贝类，蚯蚓、蝇蛆、蚕蛹等昆虫类，水中底栖的小型动物，鱼粉、骨粉、畜禽下脚料以及各种动物内脏等。这些饲料的适口性较好，营养全面，蛋白水平较高，是养殖的理想饵料资源。鲜活动物性饲料的优点是营养丰富，适口性好，易消化吸收，养殖过程中在配合饲料内添加一定比例的鲜活动物性饲料，有改进饲料适口性和促进鳖生长及提高鳖产品质量的作用。如在亲鳖产前添加 20% 的鲜活淡水小鱼，其产蛋量和受精率均比不添加高出 12.3%。同样在野外池塘养殖商品鳖，添加 15％新鲜鸡肝的鳖生长较不添加的快 8％。而在工厂化温室里培育 3～50 g 重的鳖苗时，如在配合饲料中添加 10％的鲜鸡蛋，则鳖苗生长速度可比不添加的提高 11％。但动物性饵料由于利用新鲜的原材料，其运输和储存要求较高，不适合长途运输，难以长期保质保鲜，容易变质，且来源较为单一，常常不能长期定量保障，而且大量使用新鲜动物性饵料容易造成养殖水体的污染，不符合现行环保及对养殖水质的要求，所以在大规模养殖场中，动物性饵料一般只能作辅助性使用。

二、植物性饵料

植物性饵料主要有豆饼、花生饼、棉粕、菜籽粕等饼粕类，小麦、大豆、玉米、高粱、糠麸，以及瓜果、蔬菜、浮萍等。由于植物性饵料营养成分含量差异较大，氨基酸含量较少，特别是蛋氨酸和赖氨酸含量很低，单独使用不利于鳖生长，一般用于配合饲料的配合成分或者与动物性饵料搭配使用。有的植物有抗病治病的功效，如鳖发生腐皮病时，在投喂药物的同时每天添加干饲料量 15％比例的鲜橘做辅助治疗，比单一的药物治疗效果好。再如，在鳖的幼苗阶段，每天添加 20％的蒲公英和马齿苋，其发病率就要比不添加的低近 50％，其在鳖养殖中有着防病治病的特殊意义。

三、人工配合饲料

鳖的配合饲料是根据鳖的食性及不同生长阶段的生理要求，按科学配方把不同来源的饲料，依一定比例均匀混合，并按规定的工艺流程生产的混合饲料。鳖也可以用人工配合饲料来饲养，但要求根据鳖在不同生长阶段的营养需求选购不同标准的配合饲料。

鳖各阶段成品配合饲料以高蛋白质鱼粉为主原料，与其他干粉原料配合而成。配合饲料的优点是蛋白质含量稳定，制作工艺精细，产品易贮存运输，投喂也较方便，可以工业化生产。缺点是价格太高，约占鳖养殖总成本的 38％。配合饲料有以下几种：

1. 配合粉料。优点是应用较方便，易储藏保管，营养较全面。并可在投喂前根据需要添加所需的各种物质。缺点是为了保证饲料的黏合性，需配入很大比例的淀粉和黏合剂，这不但增加了成品饲料的成本，也易给养殖对象造成营养性疾病（如在饲料中因添加过多比例的淀粉，长期投喂易引起鳖的肥胖病与脂肪肝）。

2. 配合硬颗粒料。优点是可大大降低配方成本，也能减少养殖成本。

硬颗粒饲料应用方便并便于运输贮存，但缺点是不能在需要时，灵活有效地添加所需的物质。

3. 膨化料，也叫浮性饲料。它是利用很高的压缩比对配合饲料进行挤压，并在挤压过程中进行强力地剪切、揉搓，使配合料的温度升高至120 ℃～140 ℃。在压强较大的挤压腔内，饲料中的淀粉糊化成胶体状，而当饲料从模孔挤压出来的瞬间压力骤然降低后，饲料体积迅速膨胀。膨化饲料的优点：一是通过高温处理后的饲料，能大大提高消化吸收率，同时杀灭了饲料中的病原菌；二是饲料整体性好，可降低饲料在水中的散失率，减少饲料的浪费；三是配方中可降低高价鱼粉和 α-淀粉比例，能降低饲料的配方成本。膨化饲料的缺点：一是在膨化挤压的过程中，易损失蛋白质中的有效赖氨酸和维生素；二是投喂过程中无法添加其他物质。

随着鳖人工养殖的发展，因鳖的天然饵料来源有限，容易腐败变质难以保存，正逐渐被全价配合饲料取代。近年来，国内外许多学者对鳖的配合饲料开展了大量的研究，相关成果和技术也日趋成熟，也成功积累了一批鳖的配合饲料配方。随着鳖养殖产业化进程的加快，配合饲料能解决鳖养殖中饲料短缺及营养不全面等问题，其应用前景也越来越广阔。

鳖全价配合饲料是根据不同生长发育阶段的鳖的营养需求采用近二十种原料加工配制而成。在当前水产饲料中，鳗鱼配合饲料的营养成分含量最高，同时鳗鱼配合饲料在使用方法上又与鳖饲料的使用相似，因此一些养殖单位就错误地用鳗鱼饲料来代替鳖饲料养殖鳖。另外，有些饲料厂家在不懂鳖营养需求的情况下用鳗鱼配合饲料的配方生产鳖饲料。这种做法不仅会影响鳖饲料的适口性、增大饲料系数，还会使鳖发生营养性疾病。

第二节　鳖配合饲料的成分与配制

鳖的配合饲料是根据中华鳖的营养需求，将多种原料以一定的比例配制而成，充分发挥配合饲料的互补作用。人工配合饲料蛋白质稳定，制作精细，易保存、运输，投喂方便，其营养基本能满足鳖不同阶段生长的需要。配合饵料都经高温消毒，改善了鳖的消化和营养状况，提高了饲料利用率，降低了饵料系数，增强了鳖的抗逆力。养殖户还可以根据病害流行情况定期定制防病治病的药物饵料，特别适合加温养殖和集约化养殖。此外，投喂人工配合饵料，残饵少，减少了对养殖水体的污染。目前具有一定规模的养鳖场基本都选择以投喂人工配合饵料为主，因为养殖规模大，饵料的需求量也大，用人工配合饵料既方便又省事。

一、配合饲料的主要原料

1. 鱼粉

鱼粉是用一种或多种鱼类为原料，经去油、脱水、粉碎加工后的高蛋白质饲料。鱼粉生产国主要有秘鲁、智利、日本、丹麦、美国、挪威等，其中秘鲁与智利的鱼粉出口量约占世界鱼粉总贸易量的 70%。中国鱼粉产量不高，主要生产地在山东、浙江两省，其次为河北、天津、福建、广西等省。我国是鱼粉消费大国，但受海洋资源的限制，鱼粉的产量与秘鲁、智利等国仍有较大差距。据前瞻产业研究院的研究报告，2004—2020 年，我国鱼粉消费总量总体呈波动上升趋势；2019 年，中国鱼粉消费量为 194.6 万吨，达到阶段高点。2020 年我国鱼粉消费量出现下降趋势，下降为 173.6 万吨，同比下降 10.8%，但依然处于高位，鱼粉需求量持续高于国内产量与进口量，鱼粉进口依存度较高，依赖度始终保持在 70% 左右，远远高于玉米和大豆。国际鱼粉供应较为充足，国内鱼粉行业急需发展，供需紧平衡。从鱼粉的消费结构来看，目前鱼粉主要下游需求市场是水产饲料，其次是猪饲料，消费占比分别约为 59% 和 31%。

目前，鱼粉仍为重要的动物性蛋白质添加饲料，鱼粉中不含纤维素等难于消化的物质，粗脂肪含量高，有效能值高，生产中以鱼粉为原料很容易配成高能量饲料。鱼粉富含 B 族维生素，尤以维生素 B_{12} 和维生素 B_2 含量高，还含有维生素 A、维生素 D 和维生素 E 等脂溶性维生素。鱼粉是良好的矿物质来源，钙、磷的含量很高，且比例适宜，所有磷都是可利用磷。鱼粉的含硒量很高，可达 2 mg/kg 以上。此外，鱼粉中碘、锌、铁的含量也很高，并含有适量的砷。鱼粉中含有促生长的未知因子，可刺激动物生长发育。

鱼粉多用于水产动物如鱼、蟹、虾、鳖等饲料蛋白质的主要原料，鱼粉与水产动物所需的氨基酸比例最接近，添加鱼粉可以保证水产动物生长速度快。目前鳖养殖饲料添加的主要是进口白鱼粉，其具有鲜度高、香味浓、诱食性强等特点，且与淀粉的亲和性好，是良好的蛋白质添加物。

2. 乌贼粉

乌贼粉是以乌贼制品的下脚料，经发酵、分离、干燥、粉碎而来，蛋白含量在 50% 左右，有浓烈的腥香味，诱食性较好，脂肪含量高，磷脂和胆固醇高，易氧化变质，其鲜度不及白鱼粉。

3. 河蚌肉粉

河蚌肉的含水量为 76.92％，干燥后的肉粉中含有丰富的蛋白质（51.07％），在河蚌肉中约 70％为蛋白氮，就氨基酸组成来说，河蚌肉的营养价值接近联合国粮食及农业组织（FAO）和世界卫生组织（WHO）推荐的最佳模式。河蚌肉中还富含各种矿物质元素如 Ca、P、Fe、Mg 等，是优质的微量元素来源。此外，河蚌肉中的脂肪含有较高比例的不饱和脂肪酸，如油酸、二十二碳六烯酸（DHA）、二十碳五烯酸（EPA）等。河蚌肉粉具有很高的营养价值，是优质的动物蛋白原料。

4. 蚕蛹粉

蚕蛹粉是缫丝工业的副产品，饲料用蚕蛹粉呈淡褐色，无霉变及异味异臭。蚕蛹粉粗脂肪含量高，可达 22％以上，蚕蛹粉的粗蛋白质含量高，为 54％，其中几丁质态氮大约为 4％。其氨基酸组成特点是，蛋氨酸含量很高，为 2.2％；赖氨酸含量与进口鱼粉大体相等；色氨酸含量高达 1.25％～1.5％。因此，蚕蛹粉是平衡日粮氨基酸组成的很好组分。蚕蛹粉的另一特点是精氨酸含量低，尤其是其同赖氨酸含量的比值很低，适于与其他饲料配伍。蚕蛹粉的钙、磷含量较低，但 B 族维生素含量丰富，尤其是核黄素含量较高。在成鳖养殖过程中蚕蛹粉可以替代部分鱼粉，但要注意保持原料的新鲜度，否则容易使养殖的鳖出现氧化脂肪病症。

5. 动物血粉

血粉是一种非常规动物源性饲料，是将家畜或家禽的血液凝成块后经高温蒸煮，压除汁液、晾晒、烘干后粉碎而成，因其细菌含量高，国内的血粉原料未经杀菌加工不可直接用于饲料的加工和混合。不同家畜的血液所加工成的血粉所含粗蛋白质不同，血粉的粗蛋白含量一般为 60％～80％，而其水分一般都控制在 12％以内。血粉中所含赖氨酸、精氨酸、蛋氨酸、胱氨酸等氨基酸类营养物质是家畜养殖中所需的，其具有较好的诱食性，但在饲料中的添加量不宜超过 5％。

6. 动物肝粉

用鸡肝、鸭肝、鹅肝、猪肝、牛肝等动物肝脏制成，粗蛋白含量高达 66％，赖氨酸、亮氨酸和精氨酸含量高，且与鳖肉氨基酸比例接近，可以在饲料中少量添加。

7. 乳粉

乳粉有全脂奶粉和脱脂奶粉，基本保留了牛奶的营养成分，是稚鳖优质的蛋白质原料。全脂乳粉以新鲜牛乳直接加工而成，脂肪含量高易被氧化，在室温可保藏 3 个月。脱脂乳粉是新鲜牛乳除去绝大部分脂肪后加工而成，可室温保藏 1 年以上。适当添加乳粉可以促进鳖的摄食和生长。但因其成本较高，添加量宜控制在 3％左右。

8. 膨化大豆

膨化大豆是将大豆经过膨化的饲用产品，保留了大豆本身的营养成分，去除了大豆的抗营养因子，具有浓郁的油香味，营养价值高，适口性好，在畜禽及水产饲料中得到了广泛的使用。在众多的大豆饲用类产品加工方法中，李德发（1986）认为从抗营养因子的角度讲，热处理法是大豆产品加工的最佳方法。膨化大豆在保留大豆本身营养物质的同时，使蛋白质变性、淀粉糊化，其脂肪外露富含油脂，氨基酸平衡，且高温高压杀死了病菌，是具有极高营养价值的常用蛋白质原料，对于目前需求量高位运行的鱼粉具有一定替代性。

9. 花生粕

花生粕是花生仁经压榨提炼油料后的产品，通常花生粕分一次粕、二次粕。一次粕是经过初次压榨剩余的花生渣，二次粕即压榨过两次的花生渣。通常花生粕的产量可以达到 44％以上，也就是说花生的出油率最高可达 55％，所以花生粕的产量相对是比较少的。花生粕富含植物蛋白，其口感较好，适合在畜禽水产饲料中使用。花生粕粗蛋白含量近 50％，蛋白品质较好，其组氨酸和精氨酸含量丰富，且不饱和脂肪酸占 60％以上，适宜鳖的营养需求，但花生粕易染上黄曲霉，变质后不能使用。

10. 玉米蛋白粉

玉米蛋白粉是玉米籽粒经食品工业生产淀粉或酿酒工业提纯后的副产品，其蛋白质营养成分丰富，并具有特殊的味道和色泽，可作饲料使用，与饲料工业常用的鱼粉、豆饼比较，资源优势明显，饲用价值高，不含有毒有害物质，不需进行再处理，可直接用作蛋白质原料。其蛋白质含量约 60％，蛋氨酸含量高，含有丰富的色素，如叶黄素和类胡萝卜素，可以作为天然的着色剂，添加量在 5％左右。

11. α-淀粉

当生淀粉结晶区胶束全部崩溃，淀粉分子形成单分子，并为水所包围（氢键结合），成为具有黏性的糊状溶液时，处于这种状态的淀粉称为 α-淀粉。α-淀粉由马铃薯淀粉或者木薯淀粉经熟化加工而成，具有许多优良的特性，如冷水迅速糊化、黏结力强、黏韧性高、使用方便等，在水产饲料方面用途很广，可以用作鳖饲料的黏合剂，适宜添加量为 20％。

12. 啤酒酵母

啤酒酵母是指用于酿造啤酒的酵母菌，多为酿酒酵母的不同品种。细胞形态与其他培养酵母相同，为近球形的椭圆体，与野生酵母不同，啤酒酵母是啤酒生产上常用的典型发酵酵母。菌体维生素、蛋白质含量高，可作食用、药用和饲料酵母，还可以从其中提取细胞色素 C、核酸、谷胱甘肽、凝血质、辅酶 A 和三磷酸腺苷等。在维生素的微生物测定中，常用啤酒酵母测定生物素、泛酸、硫胺素、吡哆醇和肌醇等。啤酒酵母的蛋白质含量为 45%～50%，赖氨酸、色氨酸、苏氨酸等必需氨基酸较高，营养价值介于动物蛋白和植物蛋白之间，其含有的多种酶能促进蛋白质和碳水化合物的吸收利用。在鳖配合饲料中添加量不超过 10%。

13. 谷朊粉

谷朊粉又称活性面筋粉、小麦面筋蛋白，是从小麦（面粉）中提取出来的天然蛋白质，呈淡黄色，蛋白质含量高达 75%～85%，是一种营养丰富、物美价廉的植物蛋白源。其自身具有黏弹性、延伸性、薄膜成型性、吸脂性和良好的机械性能。

谷朊粉的蛋白质含量高，氨基酸组成比较齐全，在饲料工业中，可以利用其作为高档动物及宠物的饲料。在饲料加工过程中，只要将谷朊粉与其他蛋白质按比例混合，并根据动物饲料的特性及其所缺的必需成分进行合理搭配，就能制成各种动物的专用饲料。高档谷朊粉具有"清淡醇味"或"略带谷物口味"的口感，与其他成分混合制成饲料后，可以说色香味俱全，特别适合于各种宠物的口味，这样大大增加了饲料的利用率。

高质量的谷朊粉在 30 ℃～80 ℃的温度范围内能迅速吸入自身 2 倍重的水分，这种性能能够防止制品水分分离，提高其保水性。在制作悬浮饲料时添加谷朊粉，与一般饲料相比，饲料吸水后的悬浮性和自然黏弹性都得到提高。当谷朊粉与饲料中的其他成分充分拌和，其较强的黏附性很容易使饲料呈颗粒型。饲料颗粒投放到水中后吸水，被充分包络在湿面筋网络结构里，能够悬浮于水中，这样不但能减少饲料的营养损失，而且能大大提高动物对谷朊粉的利用率，其在龟鳖饲料中应用广泛。

14. 磷脂

磷脂也称磷脂类、磷脂质，是指含有磷酸的脂类，属于复合脂。磷脂是组成生物膜的主要成分，分为甘油磷脂与鞘磷脂两大类，分别由甘油和鞘氨醇构成。磷脂中含有的磷、胆碱、肌醇是鳖重要的营养物质，且磷脂能将饲料中大颗粒乳化成小颗粒，使饲料易于消化吸收。

15. 鱼油

鱼油是鱼体内的全部油类物质的统称，包括体油、肝油和脑油，鱼油是从多脂鱼类中提取的油脂，富含 $\omega-3$ 系多不饱和脂肪酸（DHA 和 EPA），具有抗炎、调节血脂等功效。其能为鳖生长提供长链不饱和脂肪酸。

16. 光合细菌

光合细菌个体小、繁殖快、适应性强，含有丰富的营养成分，蛋白质含量高达 60％以上，且必需氨基酸种类齐全，含量丰富；维生素的含量也比较高，尤其是一般水生动物饲料中易缺乏的维生素 B_{12}、生物素和叶酸的含量极为丰富；还含有大量能促进动物生长的类胡萝卜素、辅酶 Q 等生理活性物质。姚志军等（1996）的试验表明，添加光合细菌的试验组生长最快，鳖的日增重率明显高于对照组，说明光合细菌具有显著的促生长作用和提高饲料效率的作用，其还具有增强鳖的体质，提高鳖抗病能力等功能。

17. 肉碱

肉碱是类似于 B 族维生素的化合物，可以增强脂肪酸通过线粒体内膜的能力，促进脂肪酸的代谢，能提高脂肪、蛋白质、氨基酸和能量的利用率；促进脂溶性维生素及钙、磷的吸收。吴遒霖（1997）对 12 g 左右的稚鳖进行了 22 天的饲养试验，结果表明用含肉碱的饲料饲喂的鳖生长速度比对照组提高了 27.5％～36.6％，饲料系数和饲料蛋白质消耗下降了 26％～30％。

18. 中草药添加剂

中草药添加剂含有许多营养物质，除含丰富的多种维生素、糖类、蛋白质、脂肪等营养物质外，还含有生物活性物质、多种常量元素和微量元素，特别是锂、锡、钼、铬等，能促进机体糖代谢、蛋白质和酶的合成，促进鳖的生长。中草药添加剂对许多细菌、某些致病性真菌及少数病毒都有不同程度的抑制和杀灭作用。如黄芪等中草药能提高机体免疫力，从而提高鳖对细菌、病毒的抵抗力，有助于鳖的健康和发育。

19. 大蒜素

大蒜素是从蒜的球形鳞茎中提取的挥发性油状物，是二烯丙基三硫化物、二烯丙基二硫化物以及甲基烯丙基二硫化物等的混合物，其中的三硫化物对病原微生物有较强的抑制和杀灭作用，二硫化物也有一定的抑菌和杀菌作用。鳖类养殖中应用大蒜素，可以增强抗病免疫力，防治多种疾病；有较强的诱食作用，能改善饲料风味，促进动物生长发育，提高生产性能；能降低饲料系数，提高饲料报酬，经济效益十分显著。据报道，在稚鳖饵料中添加 1% 大蒜素添加剂，养殖 12 月后，试验组比对照组增产 20%。

20. β 胡萝卜素

β 胡萝卜素对促进动物生长、抵御疾病有明显效果。β 胡萝卜素可增强细胞间的信息传递，是切断连锁反应的抗氧化剂，能消除动物体内的氧自由基，而且能提高动物自身免疫力，抵御细菌及病毒的侵袭，提高养殖动物成活率；能促进动物生长，提高生产性能，β 胡萝卜素呈天然的黄色或橘黄色，也是一种有效的着色剂。杨新瑜等（1997）以 0.4% β 胡萝卜素添加在饲料中投喂 89 只均重 128 g 的中华鳖，结果表明，添加 β 胡萝卜素的试验组成活率比对照组提高了 15.8%，日增重提高了 105.6%。

21. 预混料

预混料在饲料中虽然占比很小，但是能为鳖生长提供合理的维生素和矿物质，还能提高诱食性和适口性，预混料的成分主要包括维生素、矿物质、酶制剂和诱食剂。

维生素：饲料原料中虽含有一定量的维生素，但仍不能满足鳖的生长需求，需要另行添加，以保障营养全面。许多维生素在热、光、氧等条件下性质不稳定，容易受到破坏，因此需要对维生素进行预处理，通过预处理后制成复合型预混料有利于提高维生素的稳定性。

矿物质：主要包括钙、磷、钾、钠等常量元素和铁、锌、锰、铜等微量元素。矿物质的添加量从鳖矿物质营养需求中减去饲料中矿物质元素含量，两者之差就是添加量。鳖配合饲料中主要是白鱼粉，钙磷含量丰富，微量元素也很丰富，所以相关矿物质可以少量地添加。矿物质主要是以无机盐的形式添加，如钾、钠、氯主要添加氯化钠、氯化钾，钙、磷主要添加磷酸二氢钙。

酶制剂：将生物体内产生的酶经过加工制成酶制剂，在酶制剂的帮助下，能提高对饲料中营养物质，包括蛋白质、脂肪、碳水化合物的分解能力，所以适当补充复合酶制剂如中性蛋白酶、酸性蛋白酶、淀粉酶、植酸酶等，对提高饲料的利用率有显著作用。据朱文慧、刘文斌等人研究表明，在饲料中添加 0.2% 的复合酶制剂，能提高鳖的增重率，降低饲料系数。

诱食剂：为了提高鳖的摄食量，增加植物性饲料的添加比例，常常在饲料中添加部分的诱食剂，例如氨基酸和甜菜碱。风味氨基酸对鳖有很强的诱食效果，特别是丙氨酸、赖氨酸、脯氨酸等，同时氨基酸的添加能充分利用饲料中蛋白，提高饲料利用率。

二、鳖配合饲料的配方

配合饲料中各种营养元素要有一定的配比组合，配比达到合理的状态，鳖的生长就能达到最快的速度，而且鳖在不同的生长时期的营养需求是不同的，要根据鳖的不同生长时期来选择不同的营养配方。配合饲料由厂家生产，一般标有营养成分含量，可根据所标营养成分的含量来选择适合的配合饲料。若自己加工饲料，要适时调整配方，以满足鳖在不同时期的生长需求。

在饲料的配方方面，一般要求蛋白质总量达到 40% 以上。大部分蛋白质由鱼粉提供，鱼粉质量要好，一般鱼粉总量中白鱼粉应占 70%，红鱼粉不超过 30%，这样既不会给中华鳖生长造成不良影响，又可降低饲料成本；少部分蛋白质可由植物蛋白提供，为了广泛利用饲料资源，植物蛋白亦可由豆渣、次粉、麦麸、稻谷等农副产品，以及其他中华鳖喜欢的植物性饲料代替。再加上一定比例的维生素、矿物质等预混料。下面列举一些不同生长时期的鳖的饲料配方供参考。不同生长时期的鳖的饲料配方见表 4-1。

表 4-1　不同生长时期的鳖的饲料配方

单位：%

原料	幼鳖 1	幼鳖 2	稚鳖	成鳖
白鱼粉		66.2	68.55	59.65
美国海鲜鱼粉	30			
新西兰 88 鱼粉	10			
俄罗斯鱼粉	22.7			
进口红鱼粉	5	3		5.1
α-淀粉	22	23	23	24
膨化大豆				3
啤酒酵母	2.5	2	2	2
肝末粉	3	1.5	1	2
蛋黄粉			0.3	
乳粉			0.3	
水解动物蛋白	1			

续表

原料	幼鳖1	幼鳖2	稚鳖	成鳖
乳酸钙	0.2			
磷酸二氢钠	0.15	0.15	0.15	0.15
黏合剂	0.2	0.2	0.2	0.2
磷酸氢钙		0.8	0.8	0.8
卵磷脂			0.2	
多维	1	1	1	1
矿物质	1.4	1	1	1
肉毒碱		0.1	0.2	0.1
甜菜碱	0.1	0.1	0.15	0.1
胆汁酸	0.1	0.1	0.1	0.1
蛋氨酸	0.25	0.15	0.2	0.1
赖氨酸		0.15	0.2	0.15
甘氨酸	0.2			
氯化胆碱	0.2	0.2	0.3	0.2
食盐		0.35	0.35	0.35
合计	100	100	100	100

三、配制要求

同样值得提醒的是饲料配方宜根据鳖的不同生长阶段做必要调整。一般早期应加大蛋白质在饲料中的含量，加快幼鳖的生长速度。秋季应加入一定量的植物油，以利育肥越冬。在设计中华鳖饲料配方的过程中应要注意以下几方面：

1. 配方要科学，营养要全面

鳖在不同生长阶段对各种营养物质的需求量各不相同，饲料配方中各项营养指标必须建立在科学的标准基础之上，必须能够满足鳖在不同阶段对各种营养成分的需要，指标之间具备合理的比例关系。鳖的配合饲料可以分为稚鳖料、幼鳖料、成鳖料和亲鳖料。

2. 配方要经济，成本要合理

在鳖的养殖中，饲料的费用约占整个成本的 70%，因此在饲料原料的选用上要因地制宜、就地取材、精打细算、降低成本，饲料的配方应从经济实用的原则出发，充分考虑饲料来源及成本，尽量降低饲料成本占比，提高养殖效益。

3. 配方要安全，质量要可控

配方的设计必须要遵守国家有关饲料生产的法律法规，尽量使用绿色无公害的原料，提高饲料的内在质量，使之安全、无毒、无药残、无污染，符合营养指标、感官指标、卫生指标。加工过程中不得添加有毒有害有副作用的药品和添加物，饲料运输和储藏过程中要避免饲料的变质。

4. 具有良好的适口性和黏合性

饲料适口性不好，会影响鳖的摄食，造成饲料的浪费和水质污染，部分企业会添加一些乌贼内脏粉、甜菜碱等诱食剂以增加适口性。鳖摄食时喜欢下水吞咽，饲料容易散失，所以饲料要具备一定的黏合性，饲料在水中的稳定时间要保持在 1.5～3 小时。生产出的饲料必须具有良好的适口性和利用效率。

四、饲料的制作与配制方法

鳖的饲料分为硬颗粒料、膨化料和粉料，以前粉料使用得较多，但是近年来膨化颗粒饲料的发展速度很快，已有逐步替代粉料的趋势。粉料投喂前需要经过特殊的加工，而膨化料、颗粒料可以直接投喂，方便省事。膨化料相较于粉料具有消化利用率高、水中稳定性好、不易携带病原、保质期更长、饲料适口性好等特点，但其也有一些不足之处，比如膨化料的维生素容易被破坏，不能添加外源性酶制剂和活菌制剂，所以这些方面仍需进一步研究完善。

粉状饲料投喂前需要加入 150% 的水和 3% 左右的鱼油或者玉米油搅拌后进行投喂，可以制成团块状或者软颗粒状。团块状的饲料主要将粉料与水和油脂搅拌均匀，捏成团块状投喂，但是由于鳖吃食习性的原因，特别容易造成饲料的散失浪费，饲料利用率低。软颗粒料的制作主要是将粉料搅拌均匀后，用绞肉机或者专用软颗粒机制作而成。制作饲料的长度和大小可以根据鳖的规格不同而有所不同，提高鳖食用的适口性。软颗粒料的粒径、长度与鳖规格的关系见表 4-2。

表 4-2　鳖规格与软颗粒料的粒径、长度的关系

规格/（g/只）	粒径/mm	长度/mm
＜10	2	3～4
10～50	3	5～8
50～100	4	6～10
100～200	5	6～12
＞200	6	12～14

数据引自徐海圣（2013）。

　　同时，在养殖过程中，有部分中小养殖户为了降低中华鳖的养殖成本，自行配制加工饲料。根据配方，结合自己的具体情况进行配制，需求量小的养殖户直接手工搅拌，有条件的养殖户可一户或几户购置一台（套）小型饲料加工设备进行加工。中华鳖饲料可以被制成粉料，一般在成鳖饲养过程中，饲料原料的粉碎细度达到 60 目即可满足要求，因此，中华鳖料的生产设备采用一般的锤片式带旋风收尘器的粉碎机即可。一般来讲，养殖规模在 2 万～3 万只的，配置粉碎机功率为 7.5 kW，价格为 0.3 万～0.4 万元；养殖规模在 10 万只左右的，配置粉碎机功率为 15 kW，价格在 0.6 万～0.7 万元；另配 1.5 kW 的搅拌机一台，有条件的话，也可到就近的小型的饲料加工厂代加工。

　　屠宰场、餐馆、饭店的下脚料和动物肌肉、内脏等翻洗干净后都可利用，其来源广，成本低，效果好。自行配制饲料投喂时还可以将鲜活饵料加入，如将螺蚌肉或者鱼肉、动物内脏等搅碎成糜状，将其按照 20% 的比例与配合饲料混合搅拌 2～3 分钟即可。

第三节　解决鳖饲料来源的途径与方法

　　中华鳖是杂食性动物，但偏爱动物性饵料，所以培育动物性饵料符合鳖的食性，特别是动物性饵料具有营养全面、适口性好等特点，其搭配饲料投喂不仅能均衡营养需求，提高蛋白利用率，也能提高鳖的放养成活率，加速鳖生长发育。中华鳖的动物饵料有水蚤、蚯蚓、螺、小虫、泥鳅、黄粉虫、小鱼、蝇蛆等，如何培育和获取这些饵料，降低养殖成本，使养鳖的饲料来源本地化，是值得每一个生产者思考的问题。通常，可以采取以下措施解决鳖的饵料来源问题。

一、培植水蚤

水蚤是一种小型的甲壳动物，属于节肢动物门、甲壳纲、枝角目，也被称为鱼虫。水蚤体小，长约 2 mm，浅肉红色，生活在淡水中。其不仅蛋白质含量高，且含有鱼类所必需的氨基酸、维生素及钙质。水蚤是黄鳝、鳖等淡水饲养水生动物的优质饵料。培养比较简便，少量饲养可用瓶、罐、缸等，大量饲养可用土池和水泥池等。水蚤体内蛋白质含量高达本身干重的 40%～60%，脂肪含量为 21.8%，多糖含量为 1.1%，是稚鳖良好的开口饵料。

利用水泥池或土池均可培养水蚤，一般池深 1 m，面积 10～30 m² 的水泥池或者 666 m² 的土池，用漂白粉或生石灰干法清塘后，曝晒 7 天，加入 0.3 m 深的水，再曝晒 7～15 天开始施肥，投放经发酵腐熟后的畜禽粪 1.5～3 kg/m³ 作为基肥，加水到水深 0.6～0.8 m，加入的水必须经过 80～100 目的聚乙烯筛绢网过滤，防止大量敌害生物进入，加水要缓，一次加水不宜过多，待水色变浓后再逐步加水。施基肥的目的是促进水体中的藻类大量繁殖，为水蚤生长繁殖提供必要的物质基础。为加速水蚤的生长繁殖，可以引种水蚤，从池塘或小河沟中捕捞水蚤，经过清洗、消毒后投入池中，在水温 18 ℃～25 ℃ 的情况下，经过 3～4 天后水蚤开始大量繁殖。1 周后就可以大量捕捞，捕捞时应隔 1～2 天，每次 10%～20%，捞过数次后，如发现水蚤量减少，应停止捞取，马上加注新水，适量追肥。追肥量要根据水色、天气的变化进行适当调整。通常情况下，池水以黄褐色、水体透明度保持在 30 cm 左右为宜。如水色过清就应多施肥，水色深褐色或黑褐色应少施肥或不施肥。追肥时要多种肥料交叉使用（粪肥、氨肥、氮肥、磷肥等），不要使用单一肥料，以利于水中各种元素保持动态平衡。培养过程中如发现带冬卵的个体多，幼体数量少，则有可能是由蚤体老化、食物不足、水温偏高等引起。

二、养殖蚯蚓

蚯蚓俗称地龙，又名曲鳝，是环节动物门寡毛纲的代表性动物。蚯蚓是营腐生生活动物，生活在潮湿的环境中，以腐败的有机物为食，生活环境内充满了大量的微生物却极少得病，这与蚯蚓体内独特的免疫系统有关。蚯蚓一般喜居在潮湿、疏松而富含有机物的泥土中，特别是肥沃的庭院、菜园、耕地、沟、河、塘、渠道旁以及食堂附近的下水道边、垃圾堆、水缸下等处。蚯蚓干物质中蛋白含量约为 70%，还含有大量的氨基酸、维生素、钙、磷等，粗脂肪和灰分含量适宜，是鳖良好的饵料，而且由于适口性好和诱食性好，鳖十分喜食。

饲料好坏是养殖蚯蚓成功与否的关键，饲料的调制和发酵工作，是蚯蚓养殖的重要物质基础和技术关键，蚯蚓繁殖的快慢很大程度取决于所准备的饲料，配制的关键在于发酵，没有充分发酵的饲料，会使蚯蚓大量死亡，因此搞好饲料的发酵工作是人工养殖蚯蚓成功的关键。一般有机物经过 3～4 次的翻堆腐熟后，就可以成为蚯蚓的饲料。方法是：首先把粪料洒水捣碎，秸秆或杂草截成 5～15 cm 的段并用净水浸泡透。操作时以 10 cm 粪料、20 cm 秸秆或草料，同时加入发酵水（100 kg 净水中加入 1 kg 有效微生物），使所含水分在 50%～60%，料堆长度不限，但一次发酵料堆不能低于 300 kg，以 0.6～1.2 m 的高度为宜，料堆要求松散，以利高温细菌的繁殖。用农膜盖严保温保湿，发酵 15 天左右掀开农膜翻堆，把上面的堆料翻到下面，四周的堆料翻到中间，并把堆料翻松拌匀，使水分维持在 50%～60%，再用农膜盖严继续发酵 1～2 次。发酵完成后在粪料中添加营养促食液（将 100 kg 净水、2 kg 尿素、3 g 糖精、4 mL 菠萝香精、40 mL 乙酸甘油酯充分混合）25 kg/m³，透气 2～3 天后即可使用。腐熟好的饲料呈黑褐色，无臭味，质地松软，不黏不滞。养殖场可以利用荒地或家庭边角地深翻 30 cm、整平，再挖土坑，将已发酵的猪、牛、鸡粪放入大坑内。蚯蚓繁殖最适温度为 22 ℃～26 ℃，每平方米放入蚯蚓苗 4000～5000 条，每天浇淘米水 1～2 次，保持 60% 含水率，不断追肥。经过十来天的培育，每平方米可产 5 kg 左右的成蚓，定期捕捉，后期捕捉时注意定期补充腐殖质。取出的蚯蚓用热水烫杀，将其切成寸段投喂。

三、投喂猪皮

猪皮里蛋白质含量高达 26.4%，脂肪含量为 22.7%，灰分含量为 0.6%，猪皮所含蛋白质的主要成分是胶原蛋白，约占 85%，其次为弹性蛋白。猪皮来源广，价格低，是鳖喜欢摄食的饵料，饲喂猪皮是解决鳖饵料来源的一条很好的途径。生物研究发现：胶原蛋白质含量与结合水的能力有关，动物体内如果缺少这种属于生物大分子胶类物质的胶原蛋白，会使体内细胞贮存水的机制发生障碍。笔者通过试验发现，用猪皮搭配其他饲料喂养的中华鳖，生长较快。在湖南，4 月中旬放养的体重为 0.5 kg 左右的中华鳖，经 6 个月的饲养，体重达到 1.25 kg 左右，与不投喂猪皮的养殖模式相比，鳖的裙边又宽又厚，且味鲜、口感好，可能与猪皮含有较高的胶原蛋白有关。人们喜欢食用中华鳖，特别喜欢食用宽厚而富有胶原蛋白的裙边，因此，用猪皮饲喂鳖是提高裙边产量和鳖品质的一个很好的措施。

四、投放螺蛳

螺蛳是中华鳖特别喜食的一种饵料。据测定，鲜螺体中干物质含量5.2%，干物质中含粗蛋白含量为55.36%，灰分含量为15.42%，灰分中含钙5.22%，磷0.42%，盐分4.56%。赖氨酸含量为2.84%，蛋氨酸和胱氨酸总含量为2.33%。同时还含有较丰富的B族维生素和矿物质等营养物质。此外，螺蛳壳除含有少量蛋白质外，其矿物质含量高达88%左右，其中钙含量为37%，磷含量为0.3%，钠盐含量为4%左右，同时还含有多种微量元素。在饲料业实践中，螺蛳壳同贝壳一样是矿物质元素。螺蛳的投放时间在清明前最好，因为螺蛳在清明左右大量繁殖，其对环境的适应能力很强，只需要向水体中投入一定量的螺蛳，它们会繁殖许多幼螺，形成自然种群。作为鳖良好的天然饵料，螺蛳为鳖提供充足的动物性饵料，数量较多的螺蛳也不会对鳖正常的生长生活造成负面影响。此外，在某些地区，外来入侵生物——福寿螺泛滥成灾，将福寿螺收集后，作为鳖的饵料，可以变害为宝，是生物治理福寿螺的一个很好的方式。

五、繁育蝇蛆

蝇蛆为苍蝇的幼虫。主要出生在人畜粪便堆、垃圾、腐败物质中，取食粪便及腐烂物质，也有的生活于腐败动物尸体上。在土表下化蛹，以蛹越冬，越冬蛹在土中深度可达10 cm左右。蝇蛆营养成分全面，高蛋白、低糖且低脂肪，并含有丰富的矿物质元素、维生素、微量元素及抗菌活性物质，无抗营养因子和有毒物质，是一种极其丰富而宝贵的资源。白钢等对蝇蛆的营养成分做了分析，测定结果为蝇蛆的粗蛋白含量为62.52%，必需氨基酸含量占总氨基酸的47.72%，必需氨基酸与非必需氨基酸总量的比值为0.91，根据联合国粮食及农业组织和世界卫生组织提出的优质蛋白质饲料标准，其必需氨基酸约占氨基酸总量的40%，必需氨基酸总量与非必需氨基酸总量之比应超过0.6，并且蝇蛆必需氨基酸是鱼粉的2.3倍，蛋氨酸含量是鱼粉的2.7倍。鲜蛆的总糖含量仅为0.9%，除明显低于大豆外，与其他食物的糖含量相当，属于低糖资源。蝇蛆粉还含有多种无机盐和维生素，且含量丰富，维生素A、维生素D和维生素E含量分别为每100 g

727.8 mg、131 mg 和 10.04 mg，铁、锌和硒含量分别为每千克 268 mg、159 mg 和 8.9 mg。应该说蝇蛆的营养价值高于植物源性饲料原料，接近于动物源性饲料原料。

蝇蛆生长繁殖极快，人工养殖不需很多设备，室内室外、城市农村均可养殖。

1. 平台引种水池繁殖法

此法适用于小规模养殖场。建 1 m² 的正方形小水泥池若干个，池深 50 cm。在池边建 1 个面积为 200 cm²（长×宽为 20 cm×10 cm）的投料台，高度与水泥池持平。在水泥池和投料台上面搭盖高 1.5～2 m 的遮阳挡雨棚。在投料平台上投放屠宰场丢弃的残肉、皮、肠或内脏 500 g，也可投放死鼠、兔等动物尸体 300 g，引诱苍蝇来采食产卵。将放置在平台上 2～3 天的培养料放到池水中搅动几下，把附在上面的幼蛆及蝇卵抖落到水中，然后把培养料放回平台上再次诱蝇产卵。每池投放新鲜猪、鸡粪各 2 kg，或 4 kg 人粪，投料 24 小时后，待蝇蛆分解完漂浮粪后再次投料。在池内饲养 4～8 天，见有成蛆往池边爬时，及时捕捞，防止成蛆逃跑。用漏勺或纱网将成蛆捞出，清水洗净，趁鲜饲喂。当池底不溶性污物层超过 15 cm，影响捕捞成蛆时，可在一次性捞完蛆虫后，将池底污物清除，另注新水。

2. 塘边吊盆饲养法

在离塘岸边 1 m 处，支起成排的支架，每隔 1～2 m，将 1 个直径 40 cm 的脸盆成排吊挂在鳖养殖塘面上，盆离水面 20 cm 左右。把猪粪、鸡粪按等量装满脸盆，加水拌湿，洒上几滴氨水，再在盆面放几条死鱼或死鼠，引诱苍蝇来产卵。家蝇或其他野蝇会纷纷飞到盆里取食产卵，一个星期之后就会有蝇蛆从盆里爬出来，掉入水中，直接供塘中动物食用。采用这一方法设备简单，操作简便，2 kg 粪料可产出 500 g 鲜蛆。具体操作要注意几点：一是盆不宜过深，以 10～15 cm 为宜；二是最好采用塑料盆，在盆底开 2～3 个消水洞，防止下大雨时盆内积水；三是盆加满粪后，最好能用荷叶或牛皮纸加盖 3/4 盆面，留 1/4 盆面放死动物引诱苍蝇，这样遮住阳光有利蝇蛆生长发育；四是夏日高温水分蒸发快，要经常检查，浇水，保持培养料湿润。

3. 室外塑料棚育蛆法

在室外果树行间或林荫下，开挖 1 个 5 m 长、0.8 m 宽、0.25 m 深的浅坑，在坑里铺放厚料膜，注入 15 cm 深的粪水，每坑投放鸡粪 2 担、猪粪 2 担、牛粪 1 担，投放死鼠或动物腐肉、内脏 1500 g。沿坑边撒一些生石灰和草木灰，防止成蛆逃跑。然后在坑上用竹条制作成 1 m 高的半圆形支架，覆盖塑膜，周边塑膜用土压实。中侧和两端掀开一个 20 cm×30 cm 的孔，让苍蝇飞进采食和产卵，经 5～7 天可掀开塑料膜捞成蛆洗净后作饵料。

蝇蛆喂养在水产养殖方面有巨大市场，随着人们生活水平的提高，各种特色养殖潜在市场突出，水产类作为优质肉制品是其中重中之重。近几年小龙虾、鳖、牛蛙、黄鳝等发展迅速，给市场注入新鲜活力，而蝇蛆养殖技术的发展能够很好地满足各种特色养殖的饲料需求，可谓做到了"取之于畜禽，用之于畜禽"，真正有潜力做到植被—生产者、养殖—消费者、蝇蛆—分解者的绿色生态农业循环。鳖特别喜欢吃蝇蛆，因其营养成分完全，蛋白质含量高，投喂蝇蛆饲养的鳖增长速度快，因此蝇蛆是成本低、效益好的良好饵料源。

六、培育黄粉虫

黄粉虫又叫面包虫，在昆虫分类学上隶属于鞘翅目，拟步甲科，粉甲属。原产于北美洲，20 世纪 50 年代从苏联引进中国饲养。黄粉虫鲜虫脂肪含量为 28.20%，蛋白质含量高达 61% 以上，此外还含有磷、钾、铁、钠、铝等常量元素和多种微量元素，及动物生长所必需的 18 种氨基酸，每 100 克干品含氨基酸高达 947.91μg，其各种营养成分居各类食品之首，被誉为"蛋白质饲料宝库"。据饲养测定，1 kg 黄粉虫的营养价值相当于 25 kg 麦麸、20 kg 混合饲料和 100 kg 青饲料的营养价值。黄粉虫嗜食麸皮、黄豆粉、菜叶、瓜皮、果皮等。人工饲养时，喂以豆渣、木薯渣、酒糟渣等，均能正常发育。

盆养黄粉虫，可采用旧脸盆等饲养用具，要求这些用具无破洞、内壁光滑。若内壁不光滑，可贴一圈胶带，围成一个光滑带，防止虫子外逃。另外，需要 60 目的筛子一个。取得虫种后，先经过精心筛选，选择个大、活力强、色泽鲜亮的个体，普通脸盆可养幼虫 0.3～0.6 kg。在盆中放入饲料，如麦麸、玉米粉等，然后放入幼虫虫种，饲料量为虫重的 10%～20%。经 3～5 天，虫子将饲料吃完后，将虫粪用 60 目的筛子筛出。继续投喂饲料，并适当加喂一些蔬菜及瓜皮等水分含量高的饲料。幼虫化蛹时，及时将蛹挑出存放。经 8～15 天，蛹羽化变为成虫。在盆的底部铺一张纸，然后在纸上铺一层约 1 cm 厚的精细饲料，将羽化后的成虫放在饲料上。温度为 25 ℃时，成虫羽化约 6 天后开始交配产卵。黄粉虫为群居性昆虫，交配产卵必须有一定的种群密度，每平方米养 1500～3000 只。成虫产卵期需投喂较好的精饲料，除用混合饲料加复合维生素外，另加适量水分含量高的饲料原料。

黄粉虫成虫产卵时将产卵器伸至饲料下，将卵产于纸上，经 3～5 天卵纸上就粘满了虫卵，应该更换新卵纸。取出的卵纸按相同的日期放在一个盆中，待其孵化。温度为 24 ℃～34 ℃时，经 6～9 天即可孵化。刚孵化的幼虫十分细软，尽量不要用手触动，以免使其受到伤害。将初孵化的幼虫集中放在一起饲养，经过 15～20 天，盆中饲料基本吃完，即可第一次筛除虫粪。筛虫粪用 60 目的筛子，以后每 3～5 天筛除一次虫粪，同时投喂 1 次饲料，饲料投入量以 3～5 天能被幼虫食尽为准。投喂菜叶或瓜果皮等应在筛虫粪的前一天，投喂量以 1 个晚上能被幼虫食尽为度，也可在投喂菜叶、瓜果皮前将虫粪筛出，第二天尽快将未食尽的菜叶、瓜果皮挑出。黄粉虫的幼虫和成虫都是鳖良好的活饵料，幼体和成体可以直接混入配合饲料中进行投喂。

七、引诱昆虫

夏秋季节，夜晚昆虫较多，可以采用灯光诱虫，在鳖池水面上 20～50 cm 处吊挂黑光灯用来引诱虫子，在灯管的两侧安装玻璃板，昆虫在撞击到玻璃板后掉入水中供鳖摄食，一般每隔 5～10 m 安装一个黑光灯，引诱昆虫作为鳖的饵料。

八、摄食鱼虾

小鱼虾是鳖的好饲料，江河、湖泊、池塘、水库、稻田、沟渠都有可利用的杂鱼、小虾，而且容易捕捞，是解决鳖饲料的好途径。同时可以在养殖池塘中套养部分的饵料鱼，即在养鳖的池塘中套放一些经济价值较低，繁殖能力较强的鱼类，如罗非鱼、团头鲂等，每天投喂米糠、麦麸、菜饼等作为它们的饲料，饲养的鱼不仅为池塘创造了经济效益，又为鳖提供了天然饵料。

九、投喂果蔬

瓜果、蔬菜、红薯等都可作为鳖的辅助饲料，蔬菜投喂时要切碎成寸段，南瓜、红薯等应切成细条状蒸熟后再喂。要注意的是瓜果、蔬菜只能作为投喂饲料的一部分，起到辅助和调节的作用，作为主食的动物性饵料应保证足够的数量。

第四节　鳖饵料投喂方法

一、投饲量

鳖饲料投喂是鳖养殖过程中的重要环节，投喂管理状况是决定养殖是否成功的条件之一。投喂的量直接影响鳖的生长和健康状况；投喂不足，鳖生长速度缓慢，耽误生长期；投喂过量，容易引起鳖胃肠炎并继发其他疾病。饲料投喂量的设定方法，一种是假定鳖总体重，依据下列公式换算：

当日基准投喂量＝鳖总体重×投饵率；

投饵率＝日基准投喂量÷鳖总体重×100％；

餐投喂量＝当日基准投喂量÷每天餐数；

鳖总体重＝鳖初体重＋累计投饵量×饲料转化率。

其中的投饵率根据不同的养殖品种及养殖阶段设定，计算当日的基准投饵量，从而计算出餐投喂量。一般 3～50 g 的稚鳖，投饵率在 5％左右，50～150 g 投饵率在 3.5％～4％，150～300 g 的鳖投饵率在 2.5％左右，300 g 以上的鳖投饵率在 2％以下。根据鳖摄食情况及生长阶段，灵活掌握投喂量。而鳖总体重的计算一般是以饲料累计投饵量乘往年各自的饲料转化率得出鳖现阶段的总体重，前期的饲料转化率较后期高一点，一般多在 1～1.1，时间可维持到养殖前三个月。

另一种是，按照每天鳖的摄食情况，参照鳖生长的阶段，决定鳖的投喂量。如果前一天鳖摄食良好，按照前一天摄食量的 2％～3.5％进行递增；如果前一天摄食略有残饵，按照前一天摄食量继续投喂；如果前一天剩料较多，当天可以按照前一天摄食量的 80％进行试投喂。而外塘投喂量的设定除上述关键点外，还需关注当地的天气变化状况进行适当的调整，如遇暴雨天气，食台上鳖基本未上台时，可适当延后投喂时间并减半鳖投喂量。在这个基础上应控制鳖的摄食时间，一般以 1～1.5 小时摄食完为最好，理由如下：第一，投喂时间过长饲料流失加大，不仅浪费饲料且污染水质，影响鳖的生长环境。第二，饲料投放时间过长容易变质，鳖摄食后容易发生病害。第三，投料时间过长影响鳖往后的摄食速度，有病害发生征兆时不容易被觉察，不便于管理。如果摄食不完应回收剩料，并且分析原因，是否是由于天气、水质抑或其他因素的影响，再根据具体情况做进一步处理。建议养殖户根据天气变化而灵活确定当天的投喂量，从而避免多投饲料的现象。

二、投饲次数

饲料投喂是鳖养殖过程中的重要环节，投喂管理状况是决定养殖是否成功的条件之一。投喂次数视水温及鳖各生长阶段灵活掌握。水温在 30 ℃左右为鳖生长最适合水温，在这种温度下鳖摄食旺盛，生长迅速；20 ℃以下，鳖食欲下降；15 ℃时，鳖停止摄食；10 ℃～12 ℃时，鳖进入冬眠。一般日投喂 2～3 次，具体应控制在下一次投饲时食台中无剩余饲料为准。如在春季过冬后开食，水温并不是很高，开食温度通常在 25 ℃左右，选择中午 12 点前后按照一天一餐的方式进行投喂。5 月后温度升高，鳖进入生长旺季，这时的投饲量和次数要增加，从一天一餐到一天两餐的投喂过渡，特别是夏季水温太高时，投喂时间一般选择在早上 8 点与下午 6 点左右。投喂时由于早上水温及溶氧量较低，抑制了鳖的摄食欲望，一天的饲料投喂量一般可以按照早晨少晚上多的原则。当入秋至冬前，由于温度回落，可和开春时一样一天投喂一次。总之要根据季节、天气、水温、水质的变化以及鳖的活动摄食情况灵活掌握，适时调整，做到既能使鳖吃饱吃好，促进生长，提高饵料的利用率，又不至于浪费饵料，达到降低成本、增产增收的目的。饲料投喂应坚持定质、定量、定时、定位四原则。

第五章　中华鳖池塘生态养殖模式

　　池塘生态养殖，是指应用生态学原理，合理利用不同水产动物和水生植物的生态习性及生物间的多种关系，在池塘中进行合理种养，充分提高池塘水体空间资源的利用率和生产力，实现高产、优质、高效、生态、安全的一种养殖方式。

　　池塘养鳖是我国主要的养鳖方式，主要养殖成鳖，成鳖养殖是指将体重150～250 g的鳖种养到400 g以上的商品鳖的过程。成鳖养殖是中华鳖养殖生产中的一个重要过程，又是最终环节，这个过程主要在露天池塘等进行。目前我国中华鳖池塘生态养殖的主要方式有池塘主养、大宗淡水鱼套养、鳖与匙吻鲟混养、鳖与翘嘴鲌混养、池塘稻鳖轮作、池塘稻鳖共生、池塘藕鳖共生、庭院养殖等多种，而每一种养殖方式都有其特定的要求和特点。稚鳖和幼鳖的养殖，一般在较小的水泥池或者在温室中进行，这个过程主要是把苗种养大，因此不刻意强调生态养殖。但成鳖养殖不同于苗种培育，养成的商品鳖将直接上市进入餐桌，对商品鳖的肉品质要求更高。且成鳖主要在宽阔的池塘、稻田、大水面养殖，因此更有条件开展和推广实施生态养殖。

第一节　池塘主养

一、池塘条件

1. 塘口选择

　　为了确保中华鳖有一个舒适的生长环境，根据中华鳖的生活习性，按照中华鳖"三喜三怕"的特点，选择环境安静，避风向阳，池底平坦、水源充足、水质清澈，排灌方便的池塘作为成鳖的养殖基地，每个池塘有独立的进排水系统。

2. 池塘要求

池塘面积要大小适中，一般面积 4～30 亩（1 亩≈666.6 m²）、水深在 1.5 m 左右的池塘都可以用来进行成鳖养殖，但池塘养鳖的面积以 5～10 亩为宜，便于管理；同时，所选池塘既要有一定的坡比，又要有适量的淤泥，利于中华鳖休息、摄食和越冬。一般要求坡比 1∶2 以上，淤泥厚度 25 cm 左右。

3. 防逃设施

在中华鳖放养前首先要建好防逃设施，一般建在距离池塘边 50 cm 以上的池埂上，材料应选用表面光滑、坚固耐用的材料，如铝板、聚氯乙烯板、石棉瓦、红砖、瓷砖和水泥板等，有条件的也可砌成砖墙，将整个池的四周围住，防逃设施上端应高出地面 50 cm，下端埋入土中不少于 15 cm，四角最好呈圆弧形，这样防逃效果较好，同时进排水管道安装金属或者聚乙烯的防逃网，此外还可以用铁丝网或者聚乙烯网建成围墙用以防盗。防逃、防盗设施见图 5-1、图 5-2、图 5-3、图 5-4。

图 5-1　瓷砖防逃设施

图 5 - 2　红砖防逃设施

图 5 - 3　铁丝网防逃设施

图 5 - 4　水泥板和围墙网防逃防盗设施

4. 食台和晒台

根据中华鳖的生物学特性和生活习性，同时为了减少饲料的浪费和防止污染养殖水体，在养鳖池塘要设置一定数量和面积的食台和晒台，也可以兼用。具体数量和面积依据池塘放养中华鳖的密度而定。一般设置在池塘向阳面，晒台用木板或毛竹做成矩形，或者用水泥板或砖块设置在池埂边，面积为 5 m² 左右 1 个，固定于池塘中央，每个池塘设置 4 个左右，搭建时 2/3 在水面上，1/3 在水面下。食台用木板或石棉网做成 1.2 m× 0.8 m 的长方形，长边一边带有边沿，边沿向下放置在池坡上且与水面相平。也可用钙塑板作为食台，横向设置在池坡上且与水面相平，2/3 在水面下，1/3 在水面上，与水面成 20°。主要根据养殖密度设置，每亩水面设置食台 2～3 个。食台兼晒台见图 5 - 5 所示。

二、放养前的准备

1. 清塘消毒

放干池水，将塘暴晒 5～7 天，清除过多的淤泥，底泥厚度保持在 25 cm，检查进排水设施及防逃设施。放幼鳖前 10～15 天，每亩用生石灰 50～75 kg，全池泼洒消毒，杀灭有害病菌和生物。

图 5-5　食台兼晒台

2. 培肥水质

清塘消毒 7 天后，待毒性消退，注水至 50 cm 深，每亩使用发酵后的有机肥 150 kg，增加水体浮游生物含量。

3. 种草投螺

鳖池可栽种苦草、眼子菜等沉水植物，也可种植菱、茭白、空心菜等经济植物，种植菱的面积可占水面 80% 以上，其他水生植物一般占池塘面积的 1/3～2/3。一般在施肥 7 天以后可以开始种植，水花生等植物可以沿池塘四周栽种。水生植物能为鳖提供栖息隐蔽场所，同时也能很好地净化水质。在清明节前每亩投放螺蛳 100～200 kg，或适当投放一点抱卵青虾，为幼鳖提供部分新鲜的活饵料，投放外源性活饵料要注意消毒。

三、放养模式

1. 放养时间

中华鳖的放养时间一般为每年 4 月中下旬和 6 月初，水温稳定在 20 ℃以上，并且在清塘消毒 7 天以后，选择天气晴好的时候放养。

2. 鳖种质量要求

选用经全国水产原种和良种审定委员会审定的、具有水产苗种生产资质的企业生产的中华鳖苗种，要求体质健壮、无病无伤、行动敏捷、规格整齐，下塘前一定要做好分级分池工作，同时做好鳖体消毒工作。如果放养的是温室养殖的幼鳖，在放养前一天要注意做好逐步降温的处理，适当加注外塘水来调节温度，当室内外温度差在 3 ℃范围内方可放养。

3. 放养密度

鳖的放养密度和养殖产量之间呈正相关关系，但放养密度过大，鳖的产量和个体规格均会受到抑制，一般每亩放养规格为 100～150 g 的幼鳖2000～3000 只，或者放养规格为 150～200 g 的幼鳖 1500～2000 只。每亩水面套养 150～200 g 的鲢、鳙 100～150 尾，用以净化水质，鲢、鳙鱼放养比例为 2：1。

4. 放养消毒

为防止鳖病发生，鳖种须药浴下塘。通常可采用 20 mg/L 的高锰酸钾药浴 15 分钟，或用 10 mg/L 的漂白粉药浴 10～15 分钟，也可以用 2%～3%的食盐水药浴 3～5 分钟。

四、养殖管理

1. 饲料投喂

饲料投喂应坚持定位、定时、定质、定量原则，以人工配合饲料为主，为了减少饲料成本，如果周围有大型的屠宰场或者湖区，则可以派人采购部分鲜活饵料作为补充，投饲量以鳖 1.5 小时吃完为宜。

2. 水质管理

鳖池水质要求保持肥、活、嫩、爽，无异味，水质过肥，或有腥臭味，应及时换水。在鳖的生长季节，每隔 20 天每亩用生石灰 10 kg 左右泼洒一次，以改善水质，调节 pH 值。透明度保持在 25 cm，溶解氧含量在 3 mg/L以上，根据水质及天气季节变化适时加注新水，幼鳖放养时水深保持在50 cm，以后每隔 7 天加水 20 cm 左右，不断提高水体水深，直至水深维持在 1.5 m 左右。若发现水质持续恶化，应及时换注新水。

3. 日常管理

坚持定时巡塘，定期检查防逃设施，及时检查鳖吃食情况，做好饵料台的清洗及饵料投喂量的及时调整。经常观察水质和鳖活动情况，如发现异常要及时处理。定期清除养殖池塘中杂物和敌害生物。综合来说要做好"四查"，即查吃食情况，查防逃设施，查水质，查病害；做好"四勤"，即勤巡塘，勤清洁，勤换水，勤记录；做好"四防"，即防病，防逃，防盗，防敌害生物侵袭。做好日常管理不仅体现了养殖技术水平，而且也是增产的根本保证。

4. 病害防治

坚持以防为主、防治结合的方针，鳖的抗病能力较强，一般来说，保持一个良好的养殖环境，其病害发生情况并不严重，一旦发病要做好隔离工作。在生长旺季，可以在饲料中添加一些无药物残留的中草药或其制剂，预防鳖病，禁止使用违禁药物。

五、养殖尾水处理

池塘主养鳖，由于鳖的放养密度大，水体往往会出现有机质含量高和氨氮含量高的问题，而放养的鲢、鳙对水质净化能力有限，可以采取建生态沟渠净化的方式对尾水进行处理，循环利用养殖用水。如用水葫芦处理池塘尾水，见图5-6所示。

图5-6 水葫芦处理池塘尾水

第二节 大宗淡水鱼套养

大宗淡水鱼套养是指在常规鱼养殖的池塘中，在不影响鱼产量的情况下，以鱼为主，搭配混养少量中华鳖，不投饵或者少量投饵，从而获得高品质鳖产品，是提高池塘养鱼经济效益的一种很好的模式。

一、鱼鳖混养的优点

为了提高池塘养鱼的经济效益和克服温室养鳖品质差的缺陷，在鱼池中套养鳖（又称鱼鳖混养），有以下优点：

一是改善水质。鳖在水体中上下活动，可改善水中的溶氧条件，使上层浮游植物光合作用产生的大量过饱和氧气扩展到底层，弥补深层水中氧气的不足，有利于鱼类代谢和浮游生物的繁殖。能加速淤泥中有机物的氧化分解，防止水质突变；有利于净化和稳定水质，促进鱼类生长。

二是构建更完整的生态链。鱼鳖混养后，鱼类不仅可直接摄食鳖的残饵，而且有机物的分解为浮游生物的生长繁殖提供了良好的条件，浮游生物大量繁殖又为滤食性鱼类提供了大量的饵料。如此，一种饵料在池塘中被反复利用，大大提高了饵料的利用率。鳖能吃掉行动迟缓的病鱼或死鱼，从而防止病原体的扩散和传播，减少鱼发病的机会。

三是显著提高经济效益。鱼鳖混养，利用现有池塘进行混养，可省去建造鳖池的大量资金和每年的设备折旧费。混养塘鳖种的放养密度是根据池塘中天然饵料的多少来制定的，所以大多可采用不投料或少投料的放养模式。这样养殖成本可比常规养鳖低一半多。而在池塘中混养的鳖由于其活力强又是吃天然饵料，鳖的质量就如同野生，这种高品质的商品鳖深受消费者的欢迎，市场售价高，鱼鳖混养池的经济效益有可能比传统养鱼高好几倍。

二、哪些鱼池可以套养鳖

实践证明，凡是养殖滤食性、杂食性和草食性鱼的鱼池都可以套养鳖。在湖南、湖北、江西等省份，大宗淡水鱼养殖仍是主要淡水养殖品种，当地农民一直有养殖草鱼、鲢鱼、鳙鱼、鲫鱼、鳊鱼和黄颡鱼等的习惯，大宗淡水鱼养殖的面积和规模很大。鲢鱼、鳙鱼、鲫鱼等可充分取食水中的浮游生物。草鱼、鲫鱼、罗非鱼等可吞食残余饲料、鳖的粪便和有机碎屑。草鱼、鳊鱼可除去池中杂草（水陆生植物）。黄颡鱼、加州鲈等也可以和鳖一起混养，不过要做好饲料的分区分批投喂。但是鳖与青鱼、鲤鱼最好不混养，因青鱼和鲤鱼摄食螺、蚌，与鳖的食性有冲突。

三、养殖池塘的准备

鱼池套养鳖，方法简单，操作管理方便，只要在传统养鱼基础上适当增加些设施，即可在原有的养鱼池塘中进行鱼鳖同池养殖，池塘周围建造防逃设施。池中用竹筏等设晒台，供鳖晒背用，还需增添食台等必要设施。

四、放养模式

1. 放养时间

鱼种于 2 月底放养完毕，稚鳖于 7 月前放养，幼鳖于 3 月中旬至 5 月放养，温室幼鳖宜 6 月放养。

2. 苗种规格及放养数量

池塘主要养殖品种为草鱼、鳊鱼、鲢鱼、鳙鱼、黄颡鱼等大宗淡水鱼。以鱼为主的养殖模式中，鱼的放养量几乎不受影响，但鳖的放养量较小，如以利用池塘中的养鱼饵料为主，适当增投一部分螺、蚬、蚌肉等动物性饵料，每亩放养 200～250 g 的鳖种 50～100 只，亩产成鳖 20～40 kg；如适当喂鳖饲料，包括成鳖配合饲料、螺、蚬、蚌肉及动物内脏等，则每亩放养量可以增大到 200～250 g 的鳖种 250～300 只，亩产可达 100～150 kg。

五、饲养管理

1. 投饵

坚持"四定"投饵（定时、定位、定质、定量），根据天气、水温和鱼的摄食、活动等情况确定增减或停喂饵料。

鳖饲料有配合饲料，螺蛳、蚌、新鲜鱼、虾、蚯蚓及加工肉类的副产品等动物性饲料，新鲜南瓜、胡萝卜、青菜、玉米等植物性饲料。配合饲料质量应符合不同阶段鳖的营养需要。动物性、植物性饲料应新鲜、无污染、未腐败变质。配合饲料的日投饲量（干重）为鳖体重的 1%～2%；鲜活饲料的日投饲量为鳖体重的 5%～10%；投饲量的多少应根据气候状况和鳖的摄食强度进行调整，所投的量应控制在 2 小时内吃完。水温在 18 ℃～20 ℃时，两天投饵 1 次；水温在 20 ℃～25 ℃时，每天投饵 1 次；水温 25 ℃以上时，每天投饵 2 次。鳖投饲时间为上午 9：00～10：00，下午 4：00～5：00。配合饲料应投放在未被水淹没的饲料台上，不要投在水体里，防止被鱼摄食。

2. 日常管理

一是坚持巡塘。坚持早、中、晚巡池检查，检查防逃设施；检查鱼鳖吃食情况；观察鳖的活动情况，若发现异常，及时处理；勤除杂草、敌害和污物；及时清除残饵，清扫饲料台；查看水色，量水温，闻有无异味；

做好巡塘日志和生产记录。

二是调节水质。可采用以下措施调节水质：

（1）根据池塘的水位、水质、鱼鳖的生长情况和季节、天气变化情况等，适时加注新水和换水。每年 6—9 月是鱼鳖生长旺季，每 10～15 天加水 1 次，提高池塘水位 10～20 cm，每月换水 1 次，换水量为池水总量的 1/3 左右。

（2）在每年鱼鳖生长旺季，每隔 20 天左右在池塘兑水泼洒生石灰，用量为每立方米水体 30 g 生石灰。

（3）池塘水质较肥时，可每月泼洒 1～2 次 EM 菌制剂改良水质；池塘水质过肥和恶化时，使用硝化细菌改良水质；EM 菌制剂与生石灰或漂白粉等消毒剂不能同时使用，间隔时间为 10 天左右。

三是捕捞管理。按照养殖生产和市场销售情况，池鱼实行轮捕轮放，采用诱捕网箱捕捞，不拉网捕捞。鳖的捕捞采取钓打捕捞，或者干塘捕捞。

3. 病害防治

可采取以下方法预防鱼的病害：

（1）搞好放养前的清塘消毒。

（2）草鱼种下塘前注射草鱼出血病疫苗。

（3）做好水体消毒。池水交替用生石灰和漂白粉消毒。在 1 m³ 水体中投放含有效氯 30% 的漂白粉 1.0～1.5 g 或生石灰 20～30 g。

（4）做好工具消毒。生产中所使用的工具、网具应定期消毒。方法是将工具在太阳下暴晒，或用 5% 的漂白粉浸洗 20 分钟，或用 5% 的食盐水浸洗 30 分钟。

（5）做好食台、饲料台与晒台消毒。每周用漂白粉或二氧化氯溶液泼洒饲料台与晒台 1～2 次，用硫酸铜、漂白粉或其他含氯消毒剂在食台和饲料台周围挂篓或挂袋，药物用量不超过全池遍洒的用量。

（6）及时捞取病死鱼，进行无害化处理。

可采取以下方法预防鳖的病害：

（1）做好饲料消毒。对于新鲜动、植物饲料（鳖的饲料），洗净后用 20 mg/L 的高锰酸钾溶液浸泡 15～20 分钟，或用 5% 食盐浸泡 5～10 分钟，再用清水漂洗后投喂。

（2）使用糖诱捕蚂蚁并焚烧。

（3）使用药物等方法灭鼠。

（4）及时捞取病死鳖，进行无害化处理。一旦发现病鳖，应及时捞出并隔离，积极治疗。

4. 日常管理注意要点

除了加强养鱼的饲养管理外，还应针对鳖的生物学特点，采取相应的措施，促进鳖的摄食和生长，并保持周围环境的安静，尤其要减少拉网的次数。在喂食时，特别是在鳖摄食时不可以投喂鱼饲料，防止鱼类摄食的声响干扰鳖正常摄食。滤食性鱼类放养量大时，要注意防止水质变化，发现水质过瘦要及时肥水。

六、养殖尾水处理

在鱼鳖混养池塘，由于鱼的放养密度大，高温季节时水体往往会出现有机质含量高和氨氮含量高的问题，如果不对水质进行调节和处理，除了影响鱼鳖的生长和健康，尾水排放后还会污染环境。可以利用植物对氮磷等的吸收，采取建生态沟渠净化、池塘集中净化等方式对尾水进行处理（图 5 - 7、图 5 - 8、图 5 - 9）。

图 5 - 7　生态沟渠净化养殖尾水

图 5-8　池塘原位净化养殖尾水

图 5-9　池塘水面种稻原位净化养殖尾水

第三节　中华鳖与匙吻鲟混养

一、鳖与匙吻鲟混养的优点

匙吻鲟原产于美国，我国于 1990 年开始从美国引进匙吻鲟受精卵，至今已有 30 余年的养殖历史，目前，我国已解决匙吻鲟人工繁殖的难题。在湖南，有省级水产良种场——长沙市雨花区美珍匙吻鲟养殖场专注匙吻鲟苗种生产和推广，匙吻鲟是淡水鱼中生长较快的鱼类之一，10 cm 左右的鱼苗当年可生长达 0.5 kg 以上，是淡水养殖的优良品种，养殖效益较好。匙吻鲟喜欢栖息在水体的中上层，是一种滤食性鱼类，适应性强、生长迅速、性情温顺、食物链短，食性与花鲢相同，主食浮游动物、枝角类和摇蚊幼虫等小型水生昆虫，具有净化水质的功能。在人工饲养条件下，匙吻鲟经驯化养殖也能摄食商品配合饲料。一方面由于匙吻鲟是浮游生物食性，能够净化水质，几乎不与其他水产养殖动物争粮；另一方面，匙吻鲟富含胶原蛋白等多种营养物质，肉味脆嫩而鲜美，特别是肌间无刺，是幼儿理想的鱼类食品。因此，其食用价值和经济价值又高于同是浮游生物食性的鳙鱼，在当前渔业绿色高效高质量发展的背景下，匙吻鲟的养殖越来越受到重视。

中华鳖和匙吻鲟都是特色优质水产品种，分别栖息在水体的底层和中上层，将中华鳖和匙吻鲟在一个水体养殖，可以充分利用水体空间。鳖的粪便肥水后，水体中大量繁殖的浮游动物可以被匙吻鲟滤食，以净化水质，匙吻鲟未摄食完的配合饲料成为鳖的饵料，不造成浪费。鳖还可以捕食病、死的匙吻鲟，防止鱼病蔓延。因此，在池塘中进行中华鳖和匙吻鲟生态养殖，可以达到鱼鳖共生互利、养殖生态高效的目的。

二、池塘选择与改造

池塘背风向阳，位置相对僻静，面积以 5～10 亩为宜，水深 1.5～2.0 m。水源充足，无污染，水源水质应符合国家《渔业水质标准》的要求。有相对独立的进、排水系统，排灌方便。鳖食台、晒台、防逃设施的设置参照本章第一节"池塘主养"。

三、放养模式

1. 放养时间

一般在 2 月底前将苗种放养完毕，选择晴天放养。注意不宜在鳖冬眠时放养鳖苗种。

2. 放养规格与密度

这个模式是以鳖为主，鲟为辅。每亩池塘放养规格为 500 g 左右的中华鳖 300～350 只，或者放养规格为 150～200 g 的幼鳖 700～800 只；同时，放养规格为 250～500 g 的匙吻鲟 50～80 尾。为保障鳖的品质，生态养殖不需要放养密度过大。周洵等在《中华鳖雌、雄生长速度差异性研究》（2010年）中表明，雄性中华鳖的日增重率为 1.02%，雌性中华鳖日增重率为 0.94%，雄性是雌性的 1.09 倍；养殖结束后，雄性中华鳖均重是雌性中华鳖均重的 1.55 倍。可见，雄性中华鳖个体生长速度显著快于雌性中华鳖。鳖雌雄搭配养殖模式，生产中，往往出现雌雄鳖相互撕咬的现象。因此，对于商品鳖养殖，建议全部投放同一规格的雄性鳖。

四、水质调控

生态浮床种植空心菜或水芹菜等水生植物。用直径 8～12 cm 的竹子制成一个长 1.5～2 m，宽 0.8～1.2 m 的浮床矩形基架，在矩形基架围合区域内固定聚乙烯泡沫板，再在聚乙烯泡沫板上按 15～30 cm 的孔间距均匀打孔，孔径控制在 20～30 cm，将放了种植基质的种植篮放进孔内。种植空心菜和水芹菜的时间一般分别为 4—7 月和 6—9 月。水生植物种植面积不超过池塘面积的 20%，见图 5 - 10 所示。

池塘水位控制在 1.5～2.0 m。通过加注新水和定期使用生石灰、芽孢杆菌、光合细菌等调控水质。

五、饲养管理

每年 4 月和 8 月在池塘中各投螺 1 次。每次投螺量为每亩 200～300 kg。鳖投饲管理参照本章第二节"大宗淡水鱼套养"。

匙吻鲟投饲管理。4—6 月不投饲。7—9 月根据匙吻鲟的生长和摄食情况，可在每天傍晚适量投喂配合饲料，配合饲料可使用黄颡鱼成鱼配合饲料。

图 5 - 10　池塘种植空心菜净化水质

第四节　中华鳖与翘嘴鲌混养

一、鳖与翘嘴鲌混养的优点

翘嘴鱼学名翘嘴红鲌，体型较大，体细长，侧扁，呈柳叶形。头背面平直，头后背部隆起。口上位，下颌坚厚急剧上翘，竖于口前，使口裂垂直。眼大而圆，鳞小。翘嘴红鲌属中、上层大型淡水经济鱼类，行动迅猛，善于跳跃，性情暴躁，容易受惊。其生长迅速，是以活鱼为主食的凶猛肉食性鱼类，苗期以浮游生物及水生昆虫为主食，50 g 以上的翘嘴红鲌主要吞食小鱼小虾，也吞食少量幼嫩植物，具有很高的营养价值和经济价值。

中华鳖和翘嘴鲌都是湖南省的优势特色水产品种，分别栖息在水体的底层和中上层，将中华鳖和翘嘴鲌立体养殖，可以充分利用水体空间。鳖的粪便肥水后，水体中大量繁殖的浮游动物可以被翘嘴鲌苗种摄食，有净化水质的效果，翘嘴鲌未摄食完的配合饲料，成为鳖的饵料，不造成浪费。鳖还可以捕食病、死的翘嘴鲌，防止鱼病蔓延。养殖过程中不使用抗生素和违禁药物。因此，在池塘中进行中华鳖和翘嘴鲌生态立体养殖，可以达到鱼鳖共生互利、养殖生态高效的目的。

二、池塘选择与改造

池塘背风向阳，位置相对僻静，面积以 5～10 亩为宜，水深 1.5～2.0 m。沙石底质为好，淤泥少于 15 cm，水源充足、无污染，水源水质应符合国家《渔业水质标准》（GB 11607—1989）的要求。有相对独立的进、排水系统，排灌方便。每口池塘配备 2 kW 增氧机 1～2 台，并架设自动投饵机 1 台。鳖食台、晒台、防逃设施的设置参照本章第一节"池塘主养"。

三、放养模式

1. 放养时间

翘嘴鲌性暴，善于跳跃，鳞片疏松，容易受伤死亡，也难以运输。因此，鱼种放养应在气温低的时候进行，一般在元旦后、春节前放养。中华鳖在 5 月底前放养完毕，注意不宜在鳖冬眠时放养鳖苗种。

2. 放养规格与密度

这个模式是以翘嘴鲌为主，鳖为辅。每亩池塘放养规格 10～15 cm 的翘嘴鲌冬片鱼种，亩放养量在 500～600 尾；放养规格为 500 g 左右的中华鳖 100 只左右，或者放养规格为 150～200 g 的幼鳖 200～250 只，为保障鳖的品质，生态养殖不能放养密度过大。池塘搭配鲢鱼、鳙鱼冬片鱼种，每亩池塘套养规格 250 g/尾的鲢鱼 40 尾左右，规格 250 g/尾的鳙鱼 20 尾左右。

翘嘴鲌放养前用 1‰～2‰ 的食盐溶液浸浴 5～10 分钟。鳖放养前的消毒参照本章第一节"池塘主养"。

四、饲养管理

1. 饵料投喂

翘嘴鲌投喂专用配合饲料，每天早晨 8：00 和傍晚 6：00 各投喂 1 次，早晨投喂日饲量的 1/3、下午投喂日饲量的 2/3，具体投饲量要依据天气变化和鱼摄食情况适当调整，鱼不再进食饲料后即可停止，防止浪费饲料和破坏水质。由于鳖可摄食翘嘴鲌饲料，鳖投喂以螺蛳为主，根据情况可适量补充鳖配合饲料和南瓜等瓜果蔬菜。

2. 水质管理

春季随着水温的逐步回升，每周加注新水 1 次，每次加注 20～30 cm，直至水位达到 1.8～2.0 m。高温季节，水质变化较快，为防止池水老化，每月换水 1～2 次，每次换水量为 1/5，池水透明度保持在 30 cm 以上。每次换水后，定期用生石灰调节水质。在翘嘴鲌养殖中后期由于残饵及鱼的排泄物增多，一般水色变深，此时应适量换水或施用一定量的 EM 菌，将水色调整正常。翘嘴鲌不耐低氧，要根据天气和池水溶氧变化，及时开动增氧机，晴天中午开动增氧机 1～2 小时，阴天清晨开 1 小时，连续阴雨则半夜开，雷雨、闷热天气应及时开动增氧机，防止鱼浮头缺氧。

3. 鱼病预防

在养殖过程中鱼病主要坚持以预防为主、治疗为辅，要做到清塘消毒、鱼种消毒、工具消毒和及时捕捞病死鱼等。鱼种入塘后由于运输途中可能造成的鳞片松动或脱落，容易使鱼体发生水霉病，可用硫醚沙星进行防治，用药量按使用说明书，气温高于 15 ℃时，则应酌情减量。翘嘴鲌发病高峰期为每年 7 月和 9 月，主要采用口服和外用相结合的方法进行预防，可以在饲料中拌入多维和保肝护肝药物，提高翘嘴鲌的免疫力和消化吸收能力。

4. 巡塘管理

坚持每天观察鱼体活动、水质变化及天气情况，定期检查鱼和鳖的生长情况，特别是阴雨、闷热等容易出现鱼浮头的天气，要勤巡塘，多观察，发现有浮头预兆时及时采取增氧等措施。平时要清除残饵、死鱼、污物和漂浮物等。

第五节　中华鳖与南美白对虾混养

一、鳖虾混养的优点

鳖虾混养是利用养虾池塘在养虾的同时混养中华鳖的一种节本高效养殖新技术，该技术充分利用了池塘养殖水体空间，以及虾与鳖两种不同食性的物种间的生存互补关系，实现了共存互利。该技术最初起源于在南美白对虾发病严重的池中放养鳖种，以尝试挽回养殖损失。结果发现，对虾养殖后期的发病率大大降低，白对虾养殖抗风险能力得到提高。该技术不仅提高了池塘利用率和综合经济效益，也提高了商品虾和鳖的品质，得到广大渔民的认可。

中华鳖和虾混养后虾的活动力大大增加，增加了水体交换，改善了水环境条件，改变了浮游植物种群组成，创造了虾生长的适宜环境条件。鳖和虾可以利用水体不同空间，形成生态位和食物链的互补，增加养殖效益，同时由于提高了饵料的综合利用率，可以大大降低养殖成本，促进鳖虾生长。此外，混养的鳖可捕食病虾和体质差、活动能力弱的虾，阻断疾病的传播途径，使健康虾减少了感染疾病的风险，大幅度减少养殖病害的发生，提高养成规格和品质。一般情况下，合理配置下的虾鳖混养模式，中华鳖回捕率超过 90％，对虾每亩产量 200～400 kg 不等，亩产效益可观。

二、池塘要求

池塘要求面积以 5～8 亩为宜，水深 1.5～2.0 m，坡比为 1∶（2.5～3）。需配备独立的进、排水设施。池塘应配备增氧设备或增配盘式底增氧设施。清塘消毒完毕后进行暴晒。放苗前 20 天用生石灰全池泼洒消毒，用量为 200 kg/亩，以清除池塘内的有害生物、致病生物等。施肥培肥水质，使水体透明度在 30 cm 左右，水色呈茶褐色或黄绿色。

三、放养模式

宜采用虾主鳖辅的放养模式。

1. 放养规格与密度

每亩放南美白对虾苗 5 万～6 万尾，放养规格为 200～250 g 的中华鳖 40～50 只/亩，并可搭养 30～50 尾鲢、鳙。

2. 放养时间

由于各地气温和水温的差异，鳖的放养时间不尽相同。一般情况下，放养时池塘的水温要求在 25 ℃以上，并需要选晴好天气。幼鳖放养时需用高锰酸钾溶液等消毒。放养的鳖种要求规格整齐，无病无伤。

四、养殖管理

1. 营造环境

虾苗和幼鳖养殖过程中也要注意培肥水质，为虾苗提供摄食饵料，同时又能为鳖创造较好的隐蔽环境，减少相互撕咬，提高放养成活率。

2. 科学投饵

虾料每天投喂 2～3 次，最好能够全池均匀播撒，保障虾都能摄食到饲料，上午投喂全天饲料量的 1/3，傍晚投喂 2/3。要保障鳖有充足的饵料，将饲料投放在池塘中间食台上。每天的投饲量要根据天气、温度、水质和虾的健康状况等情况灵活掌握。当虾发病，出现大量死亡时，鳖可以摄食死虾和游动缓慢的病虾，因此，要减少鳖的投食量。虾塘还可以投放一定量的螺蛳，为鳖提供充足的饵料来源。

虾主鳖辅的放养模式，鳖的放养量不宜过大并注意保障鳖有充足的饵料摄食。

第六节　池塘稻鳖共生

池塘稻鳖共生模式是指运用生态学原理，采用池塘养鳖，水面栽种一定面积的水稻的方式，实现池塘稻鳖共生的一种综合种养模式。

一、池塘稻鳖共生的生态学原理

精养池塘水面进行水稻无土栽培，利用鱼鳖类和水稻无土栽培生态学原理，构建养殖池塘鳖肥水、水稻无土栽培净水和水养鳖的生态种养绿色发展模式，使鳖与无土栽培水稻共生互补，池塘水质原位净化，实现池塘生态系统内的物质自我循环利用，实现养鳖不换水、种稻不施肥、资源循环利用。通过该模式养殖的中华鳖肉质更鲜美，水面无土栽培水稻的浮床可为鳖提供栖息地，栽种的水稻不施肥不打农药，稻米煮饭口感更好，基本接近原生态大米。养鳖池塘水面栽种水稻，相比栽种其他水草，可以获得一定的稻谷产量，为国家粮食安全做出了贡献，同时为养殖企业增产和农民增收，推进乡村振兴，加快农村环境生态治理提供了有益帮助。

二、池塘条件

宜选择交通方便、地域开阔、阳光充足、相对安静、不受旱灾与洪涝影响的池塘。面积以 5～10 亩为宜，底泥深 20～35 cm，土质保水性好。水源充足，无污染，排灌方便，水源水质应符合《地表水环境质量标准》（GB 3838—2002）Ⅲ类水质标准的规定，养殖水质应符合《渔业水质标准》（GB 11607—1989）的规定。

鳖池晒台、食台和防逃设施的设置，参照本章第一节"池塘主养"。池塘稻鳖共生的晒台一定要按要求设置，如果不设置晒台，鳖都爬到浮床上，会影响浮床的平稳和水稻生长。

三、放养模式

1. 苗种来源

中华鳖苗种应来源于具有水产苗种生产资质的企业。自繁自育的中华鳖种质应符合《中华鳖》（GB/T 21044—2007）的要求。苗种放养前应进行产地检疫证明的验证，苗种质量应符合《中华鳖　亲鳖和苗种》（SC/T 1107—2010）的要求。

2. 放养时间

由于稻田、露天池塘这些设施中的水温与要放养的鳖池水温无差异，若放养经这些设施培育的鳖种，可利用初春对鳖种分养时进行；如放养大棚温室培育的大规格鳖种，则要在水温稳定在 20 ℃以上时放养较合适，长江流域一般在 5 月底至 6 月初。

3. 放养规格与密度

由于水面栽种的水稻需要吸收水体中的氨氮，中华鳖的放养密度可以适当提高。每亩池塘中中华鳖的放养规格与密度参见表 5-1。

表 5-1　中华鳖放养规格与密度

放养规格	放养密度	备注
亲鳖（1000 g 以上）	400～500 只	雌雄比为 5∶1
成鳖（500～600 g）	600～700 只	宜放养全雄鳖
幼鳖（150～200 g）	1200～1500 只	宜放养全雄鳖

鳖池每亩套养 50～100 g 的鲢 60 尾、鳙 40 尾，或者套养 200～250 g 的匙吻鲟 30 尾。

四、水稻栽培

1. 品种

一般一年栽种一至二季水稻，宜选用生长期适宜、抗倒伏、抗病的优良水稻品种，如黄华占、五彩水稻等。种子品质应符合《粮食种子　第 1 部分：禾谷类》（GB 4404.1—2008）的要求。

2. 浮床材料选择

浮床材料有生物浮床环保塑料板、高密度泡沫板和白色（彩色）泡棉板，它们是带有许许多多小泡孔的高分子聚合物，固相是聚合物基质，小泡孔中充满气体，是具有耐候性，即耐紫外线氧化、耐霉菌和真菌性的产品，放在水中经久耐用，是不容易腐败的环保材料，也是制作水稻生物浮床的理想材料。

3. 浮床安装

浮床长 1.0～3.0 m，宽不超过 1.5 m，浮床表面开直径为 15～20 cm 的植入孔，植入孔之间的距离为 15 cm，行距为 20 cm。浮床面积一般不超过池塘总面积的 30%。

　　根据池塘大小、通风、采光、周围环境等情况和美观的原则，用一个浮床的凸形榫头与另一个浮床的凹形榫槽相连接，将浮床拼成条形或者方形，浮床两边绑定尼龙绳或带防水保护膜的小钢丝绳，在池埂固定。浮床的安装设置可灵活进行，条形浮床与浮床之间要留 1～2 m 的间距，有利于通风和鳖的活动，方形浮床靠阳光充足的岸边固定。不宜将浮床设置在树荫下和背风处，见图 5-11 所示。

图 5-11　池塘稻鳖共生

4. 水稻栽插

　　4—6 月初，在底部带有进排水孔的轻质或塑料盆钵中装入田泥，每个盆穴中植入水稻秧苗 3～5 株，待水稻稳蔸后，将盆钵嵌入浮床的植入孔，也可以用稻谷种子催芽点播放在种植盆内，浮床每平方米栽种 9～16 穴，然后将浮床移放入池塘中。盆钵嵌入浮床的植入孔前，应注意保持盆内泥土湿润。栽插水稻的浮床塑料板见图 5-12 所示。

5. 日常管理

　　养殖池塘水面栽种水稻则一般不需施肥，可适当喷施叶面肥。病虫害防治以稻鳖共生互利、水稻合理稀栽以及性诱剂、杀虫灯等生态防控措施为主。病害发生时使用低毒、低残留农药防治。

6. 水稻收割

　　当水稻籽粒成熟度达到 85%～90% 时收割为宜。

图 5 - 12　浮床塑料板

五、养殖管理

投饲应定时、定位、定质、定量。在摄食旺季，每天投饲 2 次，分别于早、晚进行，投喂量以 0.5～1 小时内吃完为宜。

注意观察鳖的摄食和活动情况，检修防逃设施。及时清除敌害生物。加强雨期的巡查，及时排洪、捞杂。

宜采用干塘翻挖、探测耙捕捉等方式捕捞鳖。

第七节　池塘稻鳖轮作

稻鳖轮作，是指运用种养平衡原理，上半年在池塘栽培早稻，水稻收割后，下半年养殖中华鳖，依次轮作的生产模式。

一、池塘稻鳖轮作的优点

利用养鳖池进行水稻种植，是稻渔综合种养模式的一种创新，不仅能增加稻米的产量，也利于鳖的养殖。

在养殖池塘开展水稻与中华鳖轮作生产，即种一季水稻，其余时间养鳖（以早稻为主，早稻 7 月上旬收割，然后养鳖，鳖的快速生长时间还有 3

个多月），进行种养有机结合，是提高养殖效益，破解水产养殖环境污染治理困局的新思路和有效途径。养鳖池塘经过多年的养殖，池塘底部土壤中存积大量的有机物质，土壤肥力好，利于水稻的生长。鳖池轮作水稻，水稻的病虫害少，可以不使用或少用农药。鳖在池塘中经过多年养殖，池塘底部存积的大量有机物质会滋生各种鳖的致病菌，造成鳖病多发。轮作水稻后，鳖养殖池塘底部的有机物质成为水稻的优质有机肥，可以被水稻利用、吸收；水稻的搁田和收割时的干田均利于杀灭池塘底部土壤中的致病菌，改善土壤，有利于预防鳖病的发生，使鳖成活率高、生长速度快、品质好，养殖池塘水质对环境不造成污染，真正实现种养平衡、生态高效。通过轮作，池底泥的有机质能为水稻等作物提供有机肥料，因此不需要额外施化肥。同时，水稻等作物能吸收池塘底泥的有机质，就不会出现池塘水质富营养化的问题，池塘水质好，鳖病少。更难能可贵的是，养鳖池塘种植水稻，每亩可增加 400~500 kg 的稻谷产量，对于保障我国粮食战略安全具有重大的意义。同时，为其他品种的池塘养殖模式提供了轮作的新思路。我国池塘众多，一些面积大、水位浅的池塘，经多年养殖后种植 1~2 茬水稻或其他作物，不仅能产出优质的农产品，而且可以有效改善池塘养殖环境，适宜于南方省份，推广应用前景良好。

二、轮作鳖池的要求

鳖稻轮作的鳖池底部土壤要为泥土，底泥深 20~35 cm 为宜，池底应较平整，以抬高塘埂为主建成的鳖池为好，如稻田改造的池塘，这种池塘排水彻底，不易形成内渍。池塘应有适宜收割机行驶的机耕道，方便农机进出。

单个的鳖池面积不宜太小，池塘面积不要小于 3 亩，一般要求在 5~10 亩为宜，面积小不利于田间操作与管理。

轮作池塘一般要求池塘不要太深，养鳖时水深在 1.5 m 左右即可，甚至水深在 1.0~1.2 m，鳖也能很好生长以便在种植水稻时将水较快排干，特别是在多雨季节排水方便，不易发生洪涝灾害。可在池底修筑环型或者一字型排渍底沟，沟深 0.5 m 左右，沟宽 1~1.5 m，且与池外进、排水沟系相连贯，能够顺畅进排水。在池塘的一边，可开挖一定面积的沟坑，用于鳖的暂养。沟坑的面积由养殖户根据需要确定，因为是池塘，不受稻田开挖沟坑面积的影响，因此，沟坑面积可以适当大一些，一般沟坑面积不超过池塘面积的 30%。每口池塘配备 1~2 个功率为 2 kW 的潜水泵。鳖池还应建有防逃设施、食台和晒台等。

三、放养模式

1. 放养时间

在水稻收割、鳖池进行整修消毒后，将池水加深到 1.5 m，后可根据实际情况进行放养。水稻收割后，即可投放中华鳖苗种，一般在 7 月 10 日左右投放完毕。如果池塘开挖了沟坑，可将鳖种在 5 月底至 6 月初投放在沟坑中暂养。

2. 放养规格与密度

每亩投放规格为 250～300 g 的幼鳖 1000～1200 只；或每亩投放规格为 500～600 g 的中华鳖 500～600 只，宜放养全雄鳖，通过降低养殖密度及在下半年强化养殖，中华鳖的规格能达到 1000 g 以上，可起捕上市。同时，每亩可搭配规格为 250～300 g 的鲢、鳙鱼各 50 尾。

四、水稻栽种

1. 品种选择

中华鳖有越冬的习性，水温稳定在 18 ℃以上才能正常摄食和生长。长江中下游地区上半年气温积温相对较低，且气温变化幅度大，中华鳖的有效生长期不到 2 个月，而下半年从 7 月份开始，一直到 10 月中旬，水温比较高，适宜鳖生长的时间有 3 个多月。本模式只栽种早稻。上半年栽种早稻，选择早、中熟早稻品种，其生长期在 90～105 天，在湖南地区 7 月 5 号左右就可以收割。因此，池塘稻鳖轮作水稻品种，宜选用耐肥、抗倒伏、耐低温的优良早、中熟早稻品种，种子品质符合《粮食作物种子　第一部分：禾谷类》(GB 4404.1—2008) 的要求。

2. 整地

水稻播种前 3～5 天，干池沥水，平整池底，修缮底沟，晒池至底泥表面开裂。淤泥过厚的池塘须提早 7～10 天整地，挖去过多的淤泥，晒塘至底泥表面开裂，以改善池底土壤的透气性并加快有机物的分解。

3. 播种与栽插

水稻宜采取集中育秧，人工或者机插栽秧。养鳖池塘由于土壤肥，插秧密度要适当低些，以增加透气性，可采用大垄双行的插秧方式，每亩种植 0.6 万～0.8 万丛。也可直播，时间为清明前后 3 天内为宜，常规稻直播播种每亩用种 5～6 kg，提倡采用生物种衣剂包衣的种子，播种出苗后应及时疏密补空。

4. 日常管理

池塘栽种水稻重点要管好水，经常关注天气变化，注意及时用潜水泵排渍，防止池塘内积。不施基肥，可根据水稻生长情况，追施叶面肥。在整个水稻生长发育期间，根据水稻种植的管理技术规范进行管理，包括水位管理、杂草防除、搁田、水稻收割等。要求在 7 月上旬将水稻收割完毕。池塘稻鳖轮作实例见图 5 - 13 所示。

图 5 - 13　池塘稻鳖轮作

五、鳖的养殖

1. 放养前的准备

当水稻收割后，种植过水稻的鳖池又可以重新养鳖。水稻收割后，对轮作鳖池进行检查、修整与消毒。一是要检查鳖池的塘埂及防逃设施、进排水渠或管道等设施是否破损，发现问题要及时修复。二是要杀菌消毒，将水稻收割后的鳖池池底暴晒干裂，利用阳光杀菌，在鳖放养约 3 天前每亩用 100～150 kg 生石灰带水化浆消毒，杀灭病原体。

2. 饲养管理

鳖的饲养管理按照专养鳖池的技术要求进行。主要是做好鳖池的水质控制、饲料投喂及病害防控等。池水透明度控制在 30～40 cm，并保持水质清爽，水的透明度太大，会增加鳖发生病害的风险。投喂的饲料提倡用膨化颗粒饲料，日投饲率根据鳖的规格大小和水温的变化而变化，一般在生长旺季日投饲率为 2%～4%，25 ℃以下时为 1%～2%，日投喂两次，上午、下午各一次。当水温下降到 20 ℃以下时，减少投喂直至停止投喂。鳖的病害主要以防为主。鳖池种植水稻后，鳖的病害会相对较少，主要应做好鳖种放养时的消毒，不定期用生石灰进行水体消毒。

第八节　池塘藕鳖共生

一、池塘藕鳖共生的优点

藕，又称莲藕，属睡莲科植物。据《本草经疏》记载，莲藕有凉血止血、除热清胃、消散瘀血、消食止泄、生肌的作用，是传统的药食两用食物，具有丰富的营养价值与独特的保健功能。我国池塘种藕的历史悠久，在南北朝时代，莲藕的种植就已相当普遍。目前，我国莲藕种植主要分布于湖北、江苏、山东、安徽、福建、湖南、浙江等七个省。茂密的莲藕不仅是中华鳖栖息活动的良好遮护场所，也是中华鳖饵料生物群落（底栖生物、水生昆虫、螺类、小鱼虾等）栖息繁殖的重要载体。利用池塘种藕、藕塘养鳖，既可减少莲藕病害的发生，提升莲藕的品质，又可以净化池塘水质，为中华鳖的生长提供大量的生物饵料和良好的生态环境，降低养鳖生产成本，并使鳖在营养和口感上优于池塘精养的中华鳖，实现一塘两用、一水多收。池塘藕鳖共生逐渐成为广受农民欢迎的生态高效种养模式。

二、池塘要求

池塘环境相对安静，面积以 5～10 亩为宜，池深 1.5 m 左右，池底平坦，底质为泥土，淤泥层保留 35～40 cm 深，夏季汛期最大水深不超过 1.2 m。有相对独立的进、排水系统，排灌方便。如果能在池塘四周开沟，将更有利于鳖的生活和养殖管理，一般沟宽 100 cm、深 50 cm。池塘建有防逃设施和食台、晒台，进出水口用铁丝网等拦截。

三、放养模式

1. 放养时间

藕种定植 15～20 天后，水温稳定在 18 ℃以上时，即可投放中华鳖苗种。

2. 放养规格与密度

每口池塘宜养殖规格基本一致的雄鳖或者雌鳖。选择晴天放养，放养前用质量浓度为 20 mg/L 的高锰酸钾溶液浸洗 15～20 分钟。每亩放养规格为 150～200 g/只的中华鳖 150～200 只，或者每亩放养规格为 400～500 g/只的中华鳖 100～120 只。每亩搭配放养合方鲫冬片鱼种 30～40 尾。鳖种除自繁自养，还有以下 3 个途径来源：一是收集购买天然幼鳖；二是利用温室培育的幼鳖；三是就近购买良种繁育场或池塘培育的幼鳖。第一种来源不能够完全保障生产的需要，第二种来源鳖的体质差，出池温度把握不好会影响养殖成活率，如果不能自繁自养，建议采取第三种途径获得鳖种，保障性大，养殖成活率较高。

四、藕的栽种

1. 品种选择

根据池塘水位情况合理选择藕品种。依据藕对水位的适应性，可将藕分为浅水藕和深水藕两种生态类型。浅水藕适合水位为 10～20 cm，最大耐水深度为 30～50 cm，对于部分由稻田开挖的浅水池塘，可栽种浅水藕。深水藕适合水位为 30～50 cm，最大耐水深度为 1～1.2 m。考虑到浅水藕品种在雨季很容易被淹，以及市场需求和品种特性等因素，一般选择栽种深水藕品种，比如，鄂莲 4 号为中熟品种，生食较甜，煨汤较粉，也适宜炒食，在南方市场比较受青睐；江苏小暗红为晚熟品种，藕皮黄白，淀粉含量较高，则深受北方市场欢迎。

2. 基肥施用

新塘栽植莲藕要施好基肥。在藕种下塘前，排干池水，翻耕塘底的同时施入基肥并将其埋入泥中。每亩水面施发酵好的粪肥 2000～2500 kg，或微生物有机肥 200 kg 和碳酸氢铵 100 kg，由于池塘容易缺磷，需另施过磷酸钙 50 kg。已进行水产养殖或连茬种植莲藕的，一般塘泥有机质含量较高，施肥量可酌情减少。

3. 适时栽植

春季气温达到 17 ℃，10 cm 深处地温达到 15 ℃时即可栽植莲藕。如果栽植过早，气温、地温均较低，会冻烂藕种、冻坏藕芽；栽种过晚，不仅藕芽较长容易折断，而且会因生长期缩短而影响产量。栽培水深为 5～50 cm，定植密度宜为行距 1.5～2 m，穴距 1.5～2 m。每穴排放有 2 个以上节、2～4 个顶芽的整藕 1 支。池周边行的藕头全部朝向池内，以免影响地下茎的延伸，其他定植藕种的排列方向互相交错。每亩种藕用量 250～300 kg，或顶芽 600～800 个。池塘藕鳖共生实例见图 5-14 所示。

图 5-14　池塘藕鳖共生

4. 生产管理

做好水位管理。深水藕的水位不易调节，主要是防止汛期受涝，特别是立叶被淹没后，应在 8 小时内紧急排水，使荷叶露出水面，以防淹死。

在莲藕生长过程中，牛毛毡、矮慈菇、四叶萍、三棱草、黑藻等杂草较多，生长较快，影响莲藕生长，应及时拔除。莲藕在生长发育过程中所需要的营养物质，一方面来自莲叶的光合作用；另一方面来自于土壤，而土壤中原有的肥料有限，随着植株的生长发育则会愈来愈少，后期应按时施肥，合理追肥保证莲藕的正常生长。

5. 莲藕采收

池塘栽培的莲藕多为晚熟品种，一般不采收嫩藕，在立叶全部发黄时，即可挖藕上市。对于早中熟品种，在主藕形成 3 个以上节间时开始采挖。应小心操作，保持藕枝完整，无明显伤痕。

五、鳖的饲养管理

做好巡塘工作，检查鳖的摄食、生长和健康情况。投喂营养全面的配合饲料，搭配投喂瓜果、蔬菜等植物性饲料，提高鳖的健康水平和肉品质。10 月后根据市场行情适时将鳖捕捞上市。

第六章　其他生态养殖模式

第一节　稻田养殖

一、我国稻田养殖发展历程

　　稻田养殖，又称稻田综合种养，是一种根据生态经济学原理在稻田生态系统进行良性循环的生态养殖模式。著名水生生物专家倪达书曾指出，稻田养殖既可以在省工、省力、省饵料的条件下收获相当数量的水产品，又可以在不增加投入的情况下促使稻谷增收一成以上。我国稻田养殖历史悠久，是世界上最早进行稻田养殖的国家。1964—1965 年在陕西汉中市郊出土的东汉墓群中，有陂池和陂池稻田模型各一具，池内塑有鲤鱼、鳖、蛙、菱角等水生动植物。1978 年在陕西勉县发掘 4 座东汉墓，出土文物中有一件是塘库农田模型，梯田塑有螺蛳、蛙、鳖、草鱼、鲫鱼等水生动物，由此可以推断在 2000 多年前，我国陕西的汉中、勉县一带就已出现稻田养殖了。据出土文物考证，1700 多年前的三国时期（公元 220—280 年），《魏武四时食制》中记载"郫县子鱼，黄鳞赤尾，出稻田，可以为酱"，被认为是最早出现稻田养殖的文字记载。魏武即曹操，郫县即现在四川省成都市郫都区，黄鳞赤尾即鲤鱼。在此以后很长时期内，中国没有稻田养殖的书面记录，直至唐朝（公元 618—907 年），我国刘恂所著《岭表录异》中，对稻田养殖有了更为详细的记载。说明了在 1000 年以前，广东新兴、罗定地区已经开始实行科学的稻鱼轮作，该书简洁而清楚地阐明了稻田养草鱼具有除草熟田的作用。2005 年 6 月，浙江省青田县方山乡龙现村的稻田养鱼被联合国粮农组织列入"全球重要农业文化遗产（GIAHS）——传统稻鱼共生农业系统"，稻田养鱼成为首批世界农业遗产保护项目。

　　中华人民共和国成立前，我国的稻田养鱼基本上是以农民自发生产为主，并且在技术上没有什么创新。中华人民共和国成立后，在党和政府的重视下，我国传统的稻田养鱼区迅速得到恢复和发展，特别是近 20 多年来获得了巨大的发展，中国大陆地区除西藏、宁夏以外，其他各省（区、市）都发展过稻田养鱼。2005 年，全国 25 个省（区、市）发展稻田养成鱼面积 2385 万亩，成鱼产量 102 万 t。

纵观中华人民共和国成立后稻田养鱼的发展历程，曾出现过三次发展高潮。第一次发展高潮出现在 20 世纪 50 年代，是我国传统稻田养鱼的恢复和发展时期。1954 年，第四届全国水产工作会议正式发出在全国发展稻田养鱼的号召，1958 年初的全国水产工作会议决定把稻田养鱼纳入农业规划之中，使我国稻田养鱼在这一时期得到迅速的恢复和发展，至 1959 年，全国稻田养鱼面积超过 1005 万亩。20 世纪 60 年代至 70 年代末，稻田养殖模式不仅没有得到改进和发展，反而因有毒农药、化肥的大量使用及人为因素，稻田养殖受到了严重挫折，处于下降和停滞阶段。

第二次发展高潮出现在 20 世纪 80 年代初至 90 年代初期，是我国稻田养鱼理论与技术的创新完善期。1981 年，中国科学院水生生物研究所副所长、研究员倪达书提出了"稻田养鱼鱼养稻"的稻鱼共生理论。1983 年，中央爱国卫生运动委员会把稻田养鱼列为灭蚊的重要措施，同年 8 月，农牧渔业部召开了第一次全国稻田养鱼经验交流现场会。1984 年，原国家经委把稻田养鱼列入新技术开发项目，在全国 18 个省（市、区）广泛推广。1987 年起，稻田养鱼技术推广被纳入国家农牧渔业丰收计划和国家农业重点推广计划。1988 年 10 月，中国农业科学院和中国水产科学研究院联合召开了"中国稻-鱼结合学术讨论会"，使稻田养鱼理论有了新的发展，技术水平进一步得到了提高和完善。在稻田养鱼理论的指导下，我国稻田养鱼技术不断向广度和深度发展。1990 年 10 月，农业部召开了第二次全国稻田养鱼经验交流会，并制定了全国稻田养鱼"八五""九五"规划。1989 年全国 3.7 亿亩水田被开发利用的面积达到了 1330 万亩，产鱼 12.5 万 t，平均亩产 12 kg，最高亩产可达 100 kg。

第三次发展高潮出现在 20 世纪 90 年代中期至 21 世纪初，是我国稻田养鱼快速发展期。1994 年 9 月农业部召开了第三次全国稻田养鱼（蟹）现场经验交流会，同年 12 月，经国务院同意，农业部向全国农业、水产、水利部门印发了《关于加快发展稻田养鱼，促进粮食稳定增产和农民增收的意见》的通知。1996 年 4 月和 2000 年 8 月，农业部先后召开了两次全国稻田养鱼现场经验交流会。各级渔业主管部门和水产技术推广部门同心协力，大力推广稻鱼工程技术和稻田养殖名特优品种新技术，极大地提高了稻田养鱼的经济效益，达到了增粮、增鱼、增收、增效的目的，稻田养鱼成为农业稳粮、农民脱贫致富的重要措施，得到各级政府的重视和支持，有效地促进了稻田养鱼的发展。到 2002 年，全国有 25 个省（市、区）发展稻田养鱼，养殖面积 2430 万亩，比 1994 年增长 91%；成鱼产量 105 万 t，增长 400%；单产 43 kg/亩，增长 167%。到 2020 年，全国发展稻田养鱼面积 3843 万亩，比 2002 年增长 58%；水产品产量达到 325 万 t，比 2002 年增长 210%；单产约 85 kg/亩，比 2002 年增长 96%。

二、稻田综合种养的意义

我国既是世界上最早利用稻田从事鱼类养殖的国家，也是目前世界上稻田养殖面积最大的国家。稻田养殖技术在我国的广泛应用，对于增加淡水养殖产量、提高稻田综合效益、改善国民食物结构等发挥了积极作用，取得了显著的社会效益、经济效益和生态效益。

1. 促进乡村振兴

乡村要振兴，产业要兴旺。发展稻田综合种养是符合我国农村经济发展现状的一项民心工程。稻田养鱼投入较少，见效快，技术要求不高，比较效益较高，符合我国农村经济发展现状，是增加农民收入、促进产业兴旺和乡村振兴的一条好路子，深受广大农民的欢迎。

2. 增加水产品总产量

发展稻田综合种养显著增加了水产品的总产量，为减轻粮食压力，平抑物价，改善国民食物结构做出了积极贡献，特别是使远离商品鱼生产基地、水资源缺乏、交通闭塞的小城镇居民和广大的农民吃上鲜活鱼，有助于提高我国国民的小康水平。

3. 提高稻谷产量和品质

稻田养殖动物的除草、杀虫、增肥、松土等作用和沟垄边际效应在光、热、气等方面的优势，加之大部分稻田因技术措施得当，可促使稻谷增产。从大面积稻田养殖的统计结果看，养殖稻田较单一稻作田一般可增产稻谷 5%～10%。稻谷单产的提高，可有效提高稻作的产值和效益，有利于稳定粮食生产。此外，养殖水产动物摄食稻田杂草、昆虫，减少农药的使用，使大米品质显著提高，如"虾稻米""鳖稻米"等深受消费者的欢迎，其价格也是普通稻米的 3～5 倍。

4. 节约土地资源

我国是世界上贫水国家之一，人均水资源占有量仅为世界人均占有量的 1/4。我国人均耕地占有量也十分有限，人多地少的矛盾不断加剧。耕地资源的短缺，一定程度地制约了耗费和占用水、土资源较多的池塘养殖等养殖方式的发展。稻田养殖综合利用稻田空间，进行立体开发，较好地解决了我国养殖水面短缺的矛盾。

5. 改善环境条件

除水稻害虫外，稻田中还大量生存着孑孓、蝇蛆、钉螺等传播疟疾、丝虫病、脑炎、血吸虫病的媒介或中间宿主。而稻田中养殖水产动物吞食这些有害生物。

稻田养鳖利用了稻鳖共生的原理，一方面，稻田为鳖生长提供了良好场所，充分利用稻田水域空间、饵料资源，使鳖生长发育快、增重率高；另一方面鳖又可为稻田疏松土壤和捕捉害虫，能起到生物防治水稻病害的作用，为生产优质稻米提供了必要的条件，降低了养鳖和水稻生产用药的成本，提高了种植、养殖单位面积的经济效益。

三、稻田选择与田间工程

1. 稻田选择

选择地势低洼、水源条件好、水流畅通、排灌方便、不受旱涝影响、便于看护的水稻田作为鱼鳖混养田块。稻田适宜面积 3～10 亩。

2. 田间工程

将田埂夯实加固，田埂高 0.4～0.5 m，宽 0.6～0.8 m，坡比 1∶1～1∶2。田埂周围用砖块、瓷砖或水泥板建造高出地面 50 cm 的围墙，顶部压檐内伸 15 cm，围墙和压檐内壁涂抹光滑，并建好进排水口防逃设施。

根据稻田形状、面积大小开挖鳖沟，呈"田""井""十"或"×"字形，沟宽 2～3 m，沟深 0.6～1 m。面积超过 5 亩的稻田，宜增设 1～2 个鱼溜，每个面积 6～10 m²。沟、溜面积占稻田总面积不超过 10%。

在稻田中间建一南北向、高于稻田正常水位 0.8 m 的沙滩供亲鳖产孵繁殖和晒背用。每 2～3 亩稻田应设一个饵料台，长 2 m，宽 0.5 m。饵料台一端露出水面，另一端没入水中 0.2～0.3 m，食台也可兼作晒背台。稻田养鳖实例如图 6-1 所示。

三、种养模式

1. 放养时间与方法

将中华鳖苗种暂养在稻田的鱼溜中，放养时温差不超过 3 ℃，鱼溜用网

图 6‑1　稻田养鳖

子或挡板围起来。在秧苗移栽 20 天后，把鱼溜的围挡拆除，让鳖自然进入稻田中。

2. 放养规格与密度

稻田养鳖是利用鳖的最适生长期（每年 6—9 月）及稻田里丰富的天然饵料资源进行饲养，当年养成商品鳖，宜放养大规格鳖种。每亩投放规格为 150～250 g 的幼鳖 200～300 只；或者每亩投放规格为 400～500 g 的鳖 100～120 只。同时，每亩投放规格为 50～100 尾的鲢鱼、草鱼、鲫鱼共 6～8 kg，其中鲢鱼占 50%、草鱼占 30%、鲫鱼占 20%。鳖和鱼种放养前均用 2% 食盐水浸洗消毒 3～5 分钟。鳖的放养密度不必过小，放养量太小，产量低，效益相对也低。为防敌害侵袭，不宜放养规格太小的稚鳖。

四、养殖管理

1. 放养前的准备

在幼鳖放养前，清除稻田鳖沟过多的淤泥，加高加固田埂；用药物彻底清沟消毒，所选药物要避免对水稻生长造成危害；要在鳖沟中移栽一部分水草，放养螺蛳、河蚬、糠虾等，为鳖放养后提供大量的天然饵料；在鳖沟里设置食台，设置的具体要求参照第五章第一节"池塘主养"；放养的鱼种、鳖种都要进行药物浸泡消毒，消灭鱼体、鳖体上的致病菌和寄生物，减少病敌害的感染。苗种放养前一周，每亩用生石灰 50 kg 兑水后向边沟和田里均匀泼洒。

2. 做好饵料的投喂

稻田中供鳖摄食的饵料量有限，只能保障鳖的部分营养需要，采取人工投喂，是保障鳖正常生长和养殖产量的需要。鳖饵来源主要有小鱼、小虾、玉米、小麦等，其动、植物饲料比例约为（1.5～2）：1，前期以动物性饵料开食，中期多喂一些植物性饵料，后期为使鳖多积累营养、安全越冬，则多投喂动物性饵料。饲养期内，日投喂量为鳖体重的 3％～5％，每天应早晚各投喂 1 次。4 月下旬以前至 10 月以后投喂量少一些；7—9 月是鳖摄食生长旺季，每天早中晚各喂 1 次，鲜活饵料日投喂量为鳖重的 10％左右。这样能保证鳖日增重达 1.5～2 g。鱼饵投喂按常规进行，投喂饲料做到定时、定位、定质、定量（"四定"原则）。

3. 日常管理

主要有水质管理、病害防治、防逃防盗及防药害等。鳖属变温动物，水温对其生长发育影响很大。平时注意巡田，加注新水，适当控制水位，一般田面水深控制在 15～20 cm。高温季节在不影响水稻生长情况下，适当加深稻田水位。稻田水温变化较大，鳖可利用大边沟保温或避暑。除了水质管理外，稻田养鳖的管理中应注意防逃防盗，不但需要专人负责看护，而且还要经常巡查。同时还要注意防药害，为了防止鳖中毒，养鳖稻田不能施用对鳖有害的农药。

稻田养鳖是一种生态养殖模式，鳖一般不容易生病，但我们仍要重视防病工作，以防为主。根据水质变化情况，不定期地泼洒生石灰，每亩每次用量 5～10 kg。在鳖放养时进行消毒，养殖期间用中草药防治疾病。

五、水稻栽培与田间管理

水稻的栽培与稻田的田间管理是搞好稻田养鳖的一个重要方面，应坚持粮鳖双丰收的原则，全面推行水稻高产高效栽培技术，促进高效生态农业发展。

1. 稻种选择

选择耐肥力强、茎秆坚硬、抗倒伏、抗病害、产量高的粳稻。

2. 水稻栽培

稻田养鳖是将水稻种植和鳖养殖结合在一起的复合生态系统，水稻品种选择时既要考虑稻田养鳖的情况，又要结合本地区水稻种植的特点，选择抗病力强、抗倒伏且病虫害少的品种。水稻秧苗栽插一般在 6 月 10 日前后，宽行窄株栽植，栽插密度为每亩稻田净面积 1.8 万～2 万穴，鱼溜周围和鳖沟两旁应适当密植，弥补鳖沟占用的面积。水稻栽插前，每亩施有机肥 250～500 kg 作基肥。

如果鳖的放养量较大，还可适当减少栽插密度。

3. 田间管理

水稻的田间管理主要是抓好施肥、除草治虫和水浆管理。施肥以经过充分腐熟后的有机肥为主，最好是一次施足基肥；除草治虫要用高效低毒且对鳖没有危害及残留的药物，同时要深水用药并及时换水；一般情况下，只要稻田有足够面积的鳖沟则水浆管理对鳖的影响不会太大，略加注意即可。

第二节　藕田养殖

一、藕田养鳖的优点

鳖的粪便中含有丰富的氮、磷、钾等元素，可以培肥水质，为莲藕提供生态有机肥料；莲藕可以净化水质，给小鱼、小虾等水生生物创造良好的生长条件，而小鱼、小虾恰好是鳖最好的天然饵料。如此一来，便形成了莲藕和鳖互助互利、空间合理配置、水资源充分利用的生态养殖模式。鳖爱吃藕田里的地蛆，使地蛆对莲藕的危害大大减少，莲藕卖相好了，价格上升。与此同时鳖的饲料和饵料投入也相应减少了，不仅真正实现了无公害的绿色生产，而且节约了成本，经济效益明显。

二、田块准备

1. 田块选择

选择相对僻静、土层深厚、有机质丰富、水源充足、排灌方便、有隔层的黏质土壤田块，保证田块清洁、无污染，排灌方便，池埂坚实，池底平坦。砂性较重的田块不宜种藕。

2. 田间工程

鳖有用四肢掘穴和攀登的特性，防逃设施的建设是藕池养鳖的重要环节。应在选好的藕池周围用砖块、水泥板、木板等材料建造高出地面 50 cm 的围墙，顶部压沿内伸 15 cm，围墙和压沿内壁应涂抹光滑，并搞好进、排水口防逃设施。根据种养需要，应在每块田边筑1～2个用竹片和木板混合搭建的4～5 m² 的平台，供投放饲料和鳖晒背用。鳖因长期生活在水中，身体表面易附着藻类，因此当晴天温暖的天气，鳖总是喜欢爬上晒台接受日光浴，以杀菌、防病、强身，因此搭好晒台对鳖的正常生长和疾病预防十分重要。应在藕池内开鳖沟。也可用池边的条沟代替，鳖沟是投喂饲料和鳖冬眠的场所。一般鳖沟上宽3 m，底宽1 m、深0.5 m，长度根据田块面积确定，一般占总面积的10%左右。在藕田中央或者沿田埂建沙滩，以供亲鳖产卵繁殖和晒背所用，见图6-2所示。

图6-2　藕田养鳖

三、放养模式

1. 放养时间

鳖莲藕套养模式是在原有藕田改造的基础上进行种养结合生产，根据季节安排，在莲藕立叶10天后，即5月20日左右，即可放养中华鳖种苗。

2. 放养规格与密度

每亩放养规格为250～300 g的幼鳖120～150只，或者每亩放养规格为500～600 g的中华鳖80～100只，同时，放养合方鲫春片100～120尾，经过1年时间的生长，商品鳖平均每只质量可达750 g，鲫每尾可达500 g左右。

四、莲藕种植

1. 品种选择

莲藕选早熟、中熟或者晚熟品种都可以。早熟品种如东河早藕；中熟品种如安徽飘花；晚熟品种如鄂莲6号、鄂莲7号。莲藕一般以子藕或藕头进行繁殖。应选择藕头饱满、顶芽完整、藕身肥大、藕节细小、后把粗壮和色泽鲜亮、抗病虫能力强且具有本品种优良特性的藕作种藕。

2. 施足基肥

早熟藕一般在定植前每亩施氯化钾15 kg、生石灰80 kg；中熟藕和晚熟藕每亩一般施腐熟有机肥500 kg、水生蔬菜配方专用肥30 kg、生石灰80 kg，耕后耙种植前做到泥烂田平。

3. 藕种定植

定植时间和密度因品种、土壤肥力和收获季节而异。东河早藕等早熟藕品种一般在6月10日至7月10日定植，株行距为3.0 m×5.0 m，每亩用种量200～250 kg。中熟藕和晚熟藕品种一般在4月定植，株行距为（0.8～1.0）m×1.2 m，每亩用种量为250～300 kg。栽种时边行藕头向内，其他各行藕头基本同向，错位排种。

4. 水肥管理

鳖的排泄物可部分满足莲藕生长的肥料之需，可减少追肥的次数。早熟藕在定植后约20天长出2～3片立叶时，追施尿素；当年12月至次年1—2月，追施腐熟有机肥；4月5日和4月20日，各追施尿素一次；5月1日立叶时，追施尿素一次。中晚熟莲藕一般需追肥2～3次，第1次在5月中下旬长出2～3片立叶时，追施水生蔬菜配方专用肥；第2次在6月下旬至7月上旬莲藕后栋叶出现时，追施水生蔬菜配方专用肥。追施尿素和配方专用肥时，注意泼水浇叶，防止肥料烧叶。

藕田一般不可断水，水层深浅应按照随着莲藕生长逐渐加深的原则来控制。前期一般灌水5～10 cm，中期立叶后逐渐加深至20 cm，封行后水位保持在20～30 cm。早熟藕生长期次年立叶前水位保持在5～10 cm，立叶后水位逐渐加深至20 cm。藕田灌水禁止串灌。此外应注意天气变化，用水调温，防止因气温急剧变化而影响莲藕生长。

藕田中大量的浮萍可与莲藕争肥，同时会降低水中溶氧量，破坏水质，不利于鳖的生长和品质的提高。鲫鱼可摄食浮萍，放养商品性优、生长速度快、抗病性强的合欢鲫或中科3号异育银鲫，可控制浮萍生长。鲫鱼和鳖同一时间投放，早熟藕田鲫鱼与鳖同时收捕，中晚熟藕田鲫鱼可在莲藕采收后、次年定植前收捕，鲫鱼生长过程不需投喂任何饲料。莲藕生长至立叶期要及时调整莲藕的生长方向，将过密的或朝向田埂的莲鞭的藕头转向莲藕生长稀疏处。早熟藕一般在6月上旬至7月上中旬采收，中熟藕在7月中下旬至9月中旬采收，晚熟藕在9月下旬至次年5月底采收。

五、养殖管理

一般在莲藕长出2～3片立叶时投放鳖种苗。放养时最好选择连续晴好的天气。鳖种苗下田前用3‰的食盐水浸泡消毒5～10分钟，并剔除在运输过程中因相互咬伤、碰撞等造成细菌感染引发皮肤溃烂的受伤鳖。水质和水温对鳖生长发育的影响很大。要注意观察水质变化，通过控制水位来调节水温，特别是7—8月高温时期，藕田的水质和水温要更加注意。一般的养殖管理与其他模式基本接近。

六、病虫害防治

稻田鳖与莲藕套养模式中鳖的活动能增加土壤的通透性，又能控制藕田中福寿螺的危害，其粪便还是优质的有机肥，增加了莲藕植株本身的抗性。莲藕主要虫害为莲缢管蚜和斜纹夜蛾，斜纹夜蛾可在春季大发生前用斜纹夜蛾诱捕器防治，能有效控制田间虫量，做到基本不用杀虫剂防治。莲藕病害有莲藕腐败病、炭疽病等，可通过采收后及时清除枯枝残叶，石灰消毒，与水稻、茭白轮作等农业措施防治，一般不使用农药防治。若局部病害较重，应对症选择高效、低毒、低残留，对水产养殖没有影响的农药，严禁在中午高温时施药，切记养鳖藕田禁用扑虱灵、吡虫啉、菊酯类、有机磷类等农药。藕田套养鳖的密度低，鳖的生长环境好，活动范围宽广一般不会发病。

第三节　茭田养殖

一、茭田养鳖的优点

茭白，又名高瓜、菰笋、菰手、茭笋、高笋，是禾本科菰属多年生宿根草本植物，分为双季茭白和单季茭白（或分为一熟茭和两熟茭），双季茭白（两熟茭）产量较高，品质也好。古人称茭白为"菰"。在唐代以前，茭白被当作粮食作物栽培，它的种子叫菰米或雕胡，是"六谷"（稌、黍、稷、粱、麦、菰）之一。后来人们发现，有些菰因感染上黑粉菌而不抽穗，且植株毫无病象，茎部不断膨大，逐渐形成纺锤形的肉质茎，这就是现在食用的茭白。这样，人们就利用黑粉菌阻止茭白开花结果，繁殖这种有病在身的畸形植株作为蔬菜。世界上把茭白作为蔬菜栽培的，只有中国和越南。茭白属喜温性植物，生长适温 10 ℃～25 ℃，不耐寒冷和高温干旱，多生长于长江湖地一带，适合在淡水里生长。

茭白田属中低水位、面积较大的水生植物种植田块，水质清新，鱼、螺、水草等水生动植物种类和数量丰富，是养殖中华鳖的理想场所。茭白田中套养鳖不但为鳖提供了理想的生长环境，也为茭白田起到除草、驱虫、松土和施肥的作用，同时也可充分利用茭白田的空余水面，使鳖、茭互生互利，不仅使茭白增产，还能提高鳖的品质，是一项高效、生态的种养模式。实践证明，该模式不仅能增加农民收入，还可少施农药、化肥，避免土壤、水体污染，保障农产品质量安全，保护生态环境。

二、茭田改造

1. 田块选择

选择通风向阳、水源充足、水质良好、排灌方便的田块。平原地区多种植双季茭，双季茭对日照长短要求不严，对水肥条件要求高，且温度是影响孕茭的重要因素。茭白根系发达，需水量多，适宜水源充足、灌水方便、土层深厚松软、土壤肥沃、富含有机质、保水保肥能力强的黏壤土或壤土。

2. 田间工程

由于鳖有掘穴和攀爬的特性，茭白田四周按养鳖要求，设置防盗防逃设施，防逃设施的设置可参考本章第一节"稻田养殖"的方法。在田边四角各筑 1 个饲料投放台，田中央筑一平台，供鳖晒背用。沿四周田埂内侧，距田埂 0.5～1.0 m 挖环形条沟，沟宽 2～3 m、深 0.5～0.8 m；田间每隔 15 墩茭白丛挖一条深 50 cm、宽 80～100 cm 的纵沟，环形条沟与纵沟连在一起，见图 6-3 所示。

三、种养模式

1. 品种选择

茭白早熟品种可选用浙茭 911，中熟品种选用浙茭 2，迟熟品种选用浙

图 6‐3　茭白‐鳖共生综合种养

茭 6 号等。中华鳖应来源于具有水产苗种生产资质的企业生产的中华鳖苗种，自繁自育的苗种种质应符合《中华鳖》（GB/T 21044—2007）的要求。

2. 放养规格与密度

一般茭白田养鳖采用春放秋捕的模式，所以放养鳖种的规格要求每只在 250 g 以上，到秋天可生长到 500 g 左右的商品鳖。鳖种一般在 5 月中旬、连续 3 天水温达到 20 ℃以上时放养。放养密度要看茭田中自然饵料的多寡和放养后是否投喂而定。若茭田中自然饵料较多，不投喂饲料的每亩放养 50 只，投喂饲料的每亩放养 400～500 只；若茭田中自然饵料较少，不投喂饲料的每亩放养 20 只，投喂饲料的每亩放养 300～400 只。最好选择连续晴好的天气放养，放养前鳖体用 3％～4％盐水浸泡消毒 10～15 分钟。

四、秋茭栽培

1. 定植

在利用茭田养鳖的时候种植的茭白品种有秋产单季茭和秋夏双季茭，一般在 3 月份种植，这两者均用分株繁殖。长江流域单季茭在清明至谷雨分墩定植，夏秋双季茭可分春秋两季，春栽在谷雨前后，秋栽在立秋前后。3 月下旬当苗高 30 cm 时选择做标记的茭墩进行单株假植育苗，定植株行距 20 cm×20 cm，7 月初夏茭采收后定植，采用宽窄行定植。宽行行距

1.2 m，窄行行距 0.6 m，株距 0.5 m，亩栽 1700 墩，每墩分蘖 4～6 个。定植时茭苗随起随种，剪去叶尖，留叶和叶鞘 40 cm。

2. 施肥

秋茭栽培时不施基肥，定植后 1 周左右（7 月中旬）施返青肥，定植后 15 天（7 月下旬）施复合肥；定植后 1 月左右（8 月初）再施 1 次复合肥，当有 30% 以上植株进入扁秆期时（9 月底 10 月初）施复合肥。追肥以复合肥为主，尽量少施尿素，避免因氨浓度过高对中华鳖产生毒害。

掌握"浅水促蘖，深水孕茭"的原则，前期 3～6 cm 浅水勤灌促分蘖；后期当每墩分蘖达到 20～25 株时，水层加深至 10 cm，控制无效分蘖；秋季栽培孕茭期在 9 月底至 10 月初，气温逐渐降低，水层保持在 10 cm 左右。雨天注意排水。套养田块灌水可适当加深，但水深不能超过茭白眼，因为茭白眼组织较嫩，病菌容易侵入。当茭白田水质变差时，需要及时更换新鲜水，增加水体溶氧量。在 7—8 月高温季节勤灌水降低水温，使沟底水温不超过 32 ℃，不影响鳖正常生长。

3. 病害防治

茭鳖共生模式中，由于鳖的活动增加了茭白植株的抗性，减少了病害的发生。对于发生较多的二化螟、长绿飞虱等虫害，建议安装光气一体化飞虫诱捕机，能有效将田间虫量控制在化学防治范围以内，基本不用杀虫剂专门防治。若局部有病害发生，应对症选择高效、低毒、低残留，对水产养殖没有影响的农药，施药后及时换注新水。

五、夏茭栽培

秋茭采收后，排干田内积水搁田，适当搁田促进根系生长。在翌年 1 月茭白地上部枯死后，齐泥割去地上部残株，及时清理茭叶，然后施足基肥。及时搭棚覆膜，保温保湿促生长。

2 月下旬进行第 1 次间苗，每墩留苗 20 株，及时去除小拱棚及棚膜；3 月下旬间苗定苗，及时剪去弱苗，每墩留壮苗 15～20 株，间苗后施复合肥。当有 50% 孕茭（4 月中旬）后，施复合肥。分蘖前期灌水 5 cm，如遇倒春寒则需深水护苗，分蘖期 10～15 cm 水层，孕茭期灌深水 20～30 cm。

六、养殖管理

1. 投饵

茭田养鳖需要人工投放饲料，但每天可以只投喂 1 次，一般在每天上午

10 点投喂。投饵时要注意把饲料投在食台上，一般日投饵量为鳖体重的2％。如果投喂的饲料是以螺蛳和小杂鱼为主，日投放量则占鳖重量的5％～6％，夏季投食量适当增加。冬季，鳖进入冬眠期后，不需投放食料。

2. 巡查

茭田养鳖要定期巡田，巡田时观察防逃设施的完好情况，进、排水口的完好情况，鳖的吃食和活动情况，茭田的水位变化情况，等等，发现问题应及时处理。因鳖活动频繁，茭白田几乎没有杂草生长，在生产过程中只需及时去除茭白的黄叶、老叶、病叶，拔除雄茭、灰茭即可。

3. 水质

水质对鳖的生长发育影响很大，注意观察水质变化，并及时换水，控制水位。

4. 疾病防治

茭白田养鳖，鳖的生长环境得到改善，活动范围广，一般不会发病，不用对鳖特别用药。

七、捕捞收获

1. 鳖捕捞

单季茭田里的鳖，在 11 月至翌年 3 月，分批捕捞上市；双季茭田里的鳖，一般于翌年 8 月至 12 月，分批捕捞上市。

2. 茭白采收

单季茭白：8 月底梳理茭白黄叶，10 月初茭白采收，10 月中旬采收结束。茭白采收时间短而集中，此后用工量也减少。双季茭白：夏茭于孕茭后 10 天左右即可采收上市，5 月初始收，6 月底结束。秋茭在孕茭 14 天后，茭肉肥大似蜂腰状后，露白 0.5～1.0 cm 时及时采收。一般 10 月中旬梳理茭白黄叶，10 月底秋茭开始采收，采收期 20～30 天，采收时连同上部叶片一起，留 35 cm 后剪去上部叶片，保留外部叶鞘 1～2 片。12 月初采收结束，采收时间较长。茭白采收完毕后，在清理茭墩时，应让鳖进入鳖沟，此后放水，鳖进入茭田继续活动。

第四节　庭院养殖

庭院养鳖是指在每家每户的房前屋后空地上，挖土池或建小型水泥池，进行小范围、高密度的一种鳖养殖方式，包括单养、暂养和混养等，占地面积不大，养殖效益较好。

一、庭院养鳖的优点

鳖是水陆两栖动物，每天可以在陆地上或者水面上自由活动 2～3 个小时，且由于用肺呼吸，所以对水体的大小、深浅等要求不是非常严苛，其适应能力很强，因此在农家房前屋后的空地开展鳖养殖，只要保持水体环境良好，水质不恶化，即使溶解氧略低，对鳖正常的生长发育也不会有太大的影响，所以近年来庭院养殖鳖在农村悄然兴起，成为农民致富的好门路，其经济效益和社会效益都非常显著。

庭院养鳖具有成本低、见效快、效益好、管理方便等优点。只需在房前屋后开挖出适宜的小水池，做好防逃设施，架设简易进排水水泵即可，不需要其他专用设备，所以一般农户庭院内外，只要有一定面积，水源充足（经水质检测符合淡水养殖标准），又有饵料条件即可养殖。另外庭院养殖不占用基本农田，养殖过程所需劳动力较少，基本利用劳动闲暇之余开展，劳动强度低，不增加额外劳动力。而且庭院养鳖可以充分利用农村丰富的螺蛳、河蚌、蝇蛆、杂鱼、南瓜等饵/饲料资源，加上多余的一些农副产品的废弃物，如豆粕等，其饲料成本大大降低。庭院养鳖在房前屋后，

图 6-4　庭院一角养鳖

池塘面积小，捕捞方便，可随时满足消费需要。但是要在有限的庭院水池面积上获得高的产量，以提高经济效益，则需要科学养殖。

二、庭院养鳖池的准备

1. 选址

庭院养鳖要求环境安静，水质清新无污染，池塘大小最好不要小于 10 m²，鳖池宜开挖在避风向阳、水源充足的地方，也可利用低洼的水坑作为鳖池。城镇没有河水、塘水等，可利用自来水作为养殖用水。

2. 亲鳖、成鳖池建造

养鳖池的面积大小视庭院大小而定，面积大者宜建土池，面积小者宜建水泥池。养殖池面积一般为 60～200 m²，池深 1.5 m，保水深 0.8～1.2 m，在池的向阳侧池壁留 1∶2 的斜坡与陆地相接，以便鳖上岸晒甲，其余三面池壁可垂直于池底，也可留坡。池底铺 10～20 cm 厚的细沙。晒背台和饵料台以木、竹或水泥板为材料，制成一端低于水面，另一端高出水面的倾斜台。在养殖池的背风、向阳一面建产卵场，即沙坪一块，铺沙厚度为 30 cm，沙粒大小要适宜，面积按产卵雌鳖数量计算，每只雌鳖占地 0.1 m²。鳖池四周必须有防逃设施，四周埂面上用竹片条编压的竹帘作防逃墙，竹帘插入泥面深 30 cm 左右，并每隔 2～3 m 用桩固定，竹帘上方还用铁丝编网作障碍物，以便防盗。出水口建在池底，池上口设平水口，多余的水可从平水口流出。有条件的可以在池边建一口深水井。

3. 稚鳖池建造

有些养殖户自行培育鳖种，就要建稚鳖池。面积为 5～10 m²，水泥砖石结构，池深 50 cm，蓄水深度 30 cm，池底铺细河沙 5～10 cm，池中设漂浮建晒背台。池上设防鸟防鼠网，防止敌害对稚鳖的侵袭。

三、放养模式

1. 放养时间

春节过后，天气逐渐变暖，鳖的放养工作陆续开始，放养旺季为 4 月中下旬至 7 月上旬。

2. 放养规格与密度

放养密度根据鳖规格不同而定，要合理地高密度养殖，同时在养殖过程中要根据生长情况及时合理地分养。1 龄稚鳖，规格在 10 g/只以下的每平方米放养 10～15 只，10 g 以上的每平方米放养 5～10 只；2～3 龄幼鳖每平方米放养 3～5 只；亲鳖每平方米放养 1～1.5 只。雌雄比例为 5：1。如果只养殖不繁育，建议放养规格基本一致的雄鳖，以提高生长速度和养殖效益。为了防止疾病发生，鳖种放养时用 3%～4% 的食盐水浸泡 5～10 分钟消毒。

四、饲养管理

1. 饲料与投喂

饵料是鳖快速生长发育的物质保障，所以应因地制宜、力所能及地为不同规格的鳖提供适口性良好、营养丰富的全价饵料。饵料投喂也要坚持四定，即定时、定质、定量、定点投喂。以肉食性饵料为主，常用饵料有昆虫、蚯蚓、鱼、螺蚬、蝇蛆、瓜类、豆饼、浮萍、水草等，每天投喂量为鳖体重的 5%，分上午、下午 2 次投喂。另外，在池中设一个电灯，夜间既有利于看管，又能诱虫供鳖摄食。

2. 水质管理

池水深度可视养殖规格而定，如养殖稚鳖可保持 20～30 cm，养殖幼鳖可保持 40～50 cm、成鳖和亲鳖保持 1 m 左右，透明度为 30～40 cm。养殖池水色以绿色为好，有条件的可勤加水、勤换水。定期用漂白粉或生石灰消毒，漂白粉每立方米池水用 1 g，生石灰每立方米池水用 30 g。

3. 日常管理

要注意鳖的摄食、活动情况，发现异常要及时采取措施。同时，还要根据气温、水温的变化采取相应的管理措施。如在炎热天气，要注意搭架遮阴，同时又要保持一定的光照，让鳖可以晒背。在寒冷时节，鳖池上以塑料大棚保温，为鳖创造一个良好的生态环境。在温度适宜的季节，强化投饲促进生长。做好防逃、防病和防盗工作。经常检查防逃墙和进、排水闸是否安全，如遇防逃设施破损等情况，要及时处理，否则容易发生鳖逃逸。每天清扫消毒饵料台及其周围食场，以防鳖病发生。庭院养鳖规模虽小，但对家庭养殖来说，如果饲养管理搞得好，也可达到低投入、高产出的目的，是一项很有发展前景的家庭养殖产业。

4. 病害防治

圈养鳖易患红脖子病、腐皮病和脂肪代谢不良病等，当发现鳖活动、吃食不正常时，及时将病鳖捞起进行处理或隔离治疗，饲养期间要保持饵料新鲜，不投喂腐烂变质的食物，定期消毒，并注意鼠害。

5. 起捕运输

成鳖起水捕捞的方法很多,但最好是抽干池水,穿下水裤下池用脚探,再用手捉。起捕时间一般是春节前后,但要事先将不符合上市规格的幼鳖捕起,辟专池饲养,使其正常冬眠,有利于来年继续饲养。鳖的运输可用车或船,将其盛放于竹筐或包装箱中,但套叠的层数不宜超过3层,以免鳖被压伤或窒息死亡。

第五节　大水面增养殖

大水面增养殖就是利用封闭型湖泊、水库以及湖荡地区人工围成的圩口等养殖水面单元较大的水体进行增养殖的统称。从养殖模式上可分为两类,一类是人工增殖,一类是人工半精养。

我国湖泊、水库资源十分丰富,尤其是长江中下游地区,封闭型湖泊及人工大面积圩口在总水面中占有一定的比例,这些水体的绝大部分都适合开展中华鳖的增养殖。

一、人工增殖

1. 水域选择

水库、湖泊等大水面大多为灌溉及生活饮用水的主要水源地,尤其是对于较大面积的且为饮用水水源的水库和湖泊,就渔业生产而言,在这些水域里只能采取增殖措施,这样才能既充分合理地利用水体资源,又能使水体不受到污染,保持水域原有的良好的生态环境。人工增殖就是对在自然水域环境条件下生活的经济水生动物采取综合的辅助措施,促其数量增长的一种手段,例如放流、移植等。

在水库、湖泊等大水面实施鳖的人工增殖,一是要选择符合鳖栖息条件的水域,或者通过人工改良,如必须有一定面积的滩地和适当数量的土垛;二是水域中要有丰富而适口的天然生物饵料;三是该水域要有明确的管理主体。

2. 种质要求

放养的鳖必须是中华鳖,中华鳖的种质应符合国家标准《中华鳖》(GB/T 21044—2007)的要求。不能放养佛罗里达鳖、泰国鳖等其他鳖品种,以免破坏水域生态环境。

3. 放养规格与密度

为节约成本，鳖的放养规格不宜太大，但规格过小的鳖在天然大水体中，敌害多，成活率又低，因此，鳖的人工增殖以经过强化培育的 10 g 以上的稚鳖为主，根据水域条件及管理水平每放 5～10 只。3～4 年后，当个体规格达 500 g 以上时，才能允许逐步捕捞上市，并依据捕捞的数量进行补放。

二、人工半精养

人工半精养，就是介于人工增殖和精养之间的一种养殖方式，它是在天然或人工面积较大的水面里，通过投放适量的鳖种，以水体中的天然活饵料为主，辅以少量的人工饵料，达到增加单位水体产量的目的。这种养殖模式既提高了水体经济效益，又保护了生态环境，实现了水面资源的可持续利用，同时也有一定的社会效益。

1. 放养前期的准备工作

（1）水域的选择

依据中华鳖的生物学特性，应选择环境安静、水质清新、无工业及生活污染、水草资源丰富（最好是沉水植物中的苦草、轮叶黑藻等，挺水植物中的芦苇、蒲草）、螺蚬等天然活饵料较多的水域。螺蚬、水草等不足可以进行人工增殖或种植，这样不但能使鳖获得充足的动植物饵料，而且又有利于改善水体环境。

养殖面积的大小可根据经营者的经济实力和养殖管理水平来确定，一般以 200～500 亩为宜，最大不要超过 1000 亩。

（2）防逃防盗设施的建立

采用石棉瓦（矿石板）和聚乙烯网片将养殖水域四周围栏起来，有条件的可以用砖墙或铁丝网代替。一般下层用石棉瓦围 60 cm 高，上层加以聚乙烯网片，高 1.5 m，用来防盗，聚乙烯网用木桩或竹竿加以固定。

（3）清野

为了提高稚幼鳖放养的成活率，在放养前要进行清野，清野就是采用各种方法清除水域中的，对鳖能够造成危害的凶猛性鱼类及其他敌害生物，为鳖的生长提供适宜的、安全的水体环境。

（4）生态环境的营造

一是移植水生植物。根据水域里水生植物的天然拥有量及种类，使其面积控制在整个水域面积的 1/4～1/3。二是投放螺蛳等生物鲜活饵料。在养殖水域里要投放一定量的螺蛳和青虾，既降低饲料成本，又可提高鳖的品质。螺蛳投放一般在清明前，根据鳖的放养密度及湖区天然螺蛳的拥有量，亩投放 100 kg 左右。三是构建人工岛屿。在水域四周或水中的浅滩处构筑人工岛屿，每个面积 100～200 m²，每 3～5 亩构建一座，并在岛屿上设置适量面积的沙滩区，而且上方设有遮雨篷，既可以作为鳖的晒背、栖息场所，又可作为鳖的产卵场地。

2. 放养

（1）鳖种选择

应选择规格整齐、体质健壮、无病无伤、活力强、反应快的鳖种。有条件的养殖户，最好就近在部省级中华鳖原良种繁育场选购种质优良的品种。中华鳖的种质应符合国家标准《中华鳖》（GB/T 21044—2007）的要求。

（2）放养的规格

大水面由于水体环境条件相对于池塘来说要复杂，而且其管理也有一定的难度，因此，大水面养殖中华鳖应投放大规格的幼鳖，放养幼鳖规格在 150～300 g。如果确实没有这样规格的幼鳖，投放稚鳖要在养殖水域里进行围栏暂养，经 1 个月左右的强化培育后，再放入大水面中。从而提高鳖种的放养成活率，降低生产成本，增加经济效益。

（3）放养数量

鳖种放养数量的确定，既要结合水体环境条件和面积的大小，又要根据养殖者的管理水平以及经济投入能力。幼鳖一般放养量在 20～60 只/亩，如果是投放的稚鳖，应在此基础上增加 10%～20%。

稚幼鳖在放养时要进行消毒，其消毒方法同池塘养殖。

3. 合理套养

为了科学合理利用水面资源，提高单位水面的经济效益，大水面养鳖应套养一定数量的鱼类。其套养应遵循经济效益、生态效益及社会效益同步提高的原则，鱼类套放数量及品种根据水域资源的具体条件和鳖的生物学特性来确定，按年亩捕捞产量在 200～300 kg 投放鱼种。对于面积相对较小的养殖水面（500 亩以下）来说，鱼的产量可适当到 400 kg 左右。

4. 日常管理

大水面养鳖的日常管理工作，重点是防逃和防盗，尤其是在大水面的进、排水口，要设置双层拦网，防止鳖和鱼逃逸。

第七章　中华鳖病害及其防治

第一节　中华鳖病害发生的原因

中华鳖的生命力和抗病力都很强，生活在自然水域的野生鳖一般很少发病。但在高密度人工养殖的情况下，如果饲养管理不善，常会导致鳖病的发生，甚至造成大量死亡，给养殖户造成巨大的经济损失。动物疾病发生的原因是机体、环境和病原体三个方面的因素相互作用的结果，鳖病发生的原因也不例外。环境和病原体是外界因素，是鳖病发生的基本条件；机体是内在因素，是鳖病发生的根本原因；只有在不良的环境条件下，病原体才会孳生，一旦机体失去了抵抗能力，鳖病即会发生。三者相辅相成，缺一不可。

一、环境因素

鳖大部分时间生活在水中，水是鳖的主要栖息环境。水环境容易受物理、化学以及人为的因素影响而发生变化，中华鳖对其变化，一般情况下有一定的适应能力和忍耐能力。但是如果其变化超过了中华鳖的适应范围和忍耐程度，或者中华鳖机体的健康状况发生了变化，失去了正常的应变能力，并且恶劣的环境条件不断持续，那么中华鳖就会跟其他水生生物一样罹患疾病，导致死亡。影响中华鳖栖息的水环境、诱发疾病发生的主要因素有物理、化学以及人为三个方面。

（一）物理因素

1. 温度

鳖是变温动物，几乎没有调节体温的能力，对外界温度的变化较为敏感，导致中华鳖病发生的物理因素主要是水温。水温的变化直接影响中华鳖的生长发育及代谢活动，温度过高或过低，都会危及中华鳖（特别是稚鳖）的生存，中华鳖池常发生的冻害和暑害就是温度不适造成鳖病的实例。稚鳖在露天越冬，因池水冻结，会造成稚鳖大量死亡；稚、幼鳖在温棚越冬，如果水温突然降低，也会引起鳖的大量死亡。在盛夏若中华鳖池池水很浅，不采取遮阳降温措施，水温超过 35 ℃时，中华鳖则食欲减退，体质衰弱，抗病力弱，易染疾病。此外，也要防止鳖池水温温差变化过大引起发病。

2. 噪声

鳖生性胆小，喜欢安静，如果有大量的噪声干扰或者外来人员频繁活动，会影响其正常的摄食、晒背和生长发育，进而导致鳖生病。

3. 透明度

池水的透明度也与中华鳖病的发生有一定的关系。透明度是水体肥瘦的指标，一般要求透明度为 25～30 cm，透明度太低，水体有机质含量过高，易造成水质败坏，为细菌大量繁殖创造条件，易使中华鳖被感染；透明度太高，水体清瘦，也是某些疾病（如白斑病）发生的原因。

4. 设施工具

要注意养殖设施的光滑，如果饵料台、晒台和池壁等较为粗糙，容易划伤鳖身体，从而引发鳖的感染。操作工具应注意分区域使用，防止交叉感染，不能随意混杂，不然容易将一个养殖池的病原带到另一个鳖池。在进行分池、放养、换水、运输等过程中，要注意操作轻快，减少人为伤害，减少相互之间的挤压和咬伤。

（二）化学因素

毒物、氨氮、腐败有机物和盐分等污染影响着中华鳖栖息环境的底质和水质（包含溶解氧、水体 pH 值）。中华鳖爱钻泥，又有长达 5 个月之久的冬眠期在池底中度过，毒物、氨氮和腐败有机物污染、不洁的底质不仅直接影响着中华鳖的健康与生存，还是有害藻类和病原菌滋生的最好场所，会诱发中华鳖疾病发生。此外，这些污染物会引起水质的恶化，使之发臭，长期生存在这种水质中的中华鳖，正常生理功能受到影响，病害发生的可能性增大。

1. 溶解氧

鳖虽然是用肺呼吸，但其具有的辅助呼吸器官会吸收水体中的氧气，因此水体溶解氧也是影响鳖正常生长的关键因素，当溶解氧偏低时，鳖辅助呼吸能力减弱。溶解氧偏低也会减缓水体中残饵粪便的分解，促使大量有害物质的产生，导致病害的发生。

2. 水体 pH 值

强碱性对鳖皮肤黏膜有损伤，酸性又会造成鳖摄食能力下降，在弱碱性条件下，水体有害病原的繁殖能得到部分抑制。pH 还会影响水体中分子氨和离子氨的比例，以及硫化氢的比例，影响水体中有毒有害物质的存在。

3. 药物饵料等外源污染

养殖过程中，由于养殖密度大，投饵料多，容易造成大量的残饵积累。同时饵料在保管过程中，会因受潮等影响出现霉变、污染等。养殖过程中出于防病治病的需要，有时会频繁用药或者用药不当，造成养殖对象耐药性增强或者养殖环境药残过高，反过来影响水环境，导致更严重的疾病发生。如在有白斑病病原的鳖池，大量多次施用抗生素等药物，会抑制池水中某些微生物，为真菌的萌发创造条件。特别注意在引用外源性水的情况下，为确认水体中的有毒有害物质是否超标，水体要经过安全检测方能使用。

（三）人为因素

人为因素，会使中华鳖的生存环境不利于其生存，也会导致中华鳖生病。人为因素对环境的影响主要是以下几个方面：

1. 鳖池建造不合理

鳖池设计不合理，无单独的进、排水系统，导致不同池的中华鳖相互感染；鳖池过大或过小、过深或过浅，影响中华鳖的正常栖息和饲养管理；晒背场和食台欠佳，不能满足中华鳖的生理活动与正常生存的需要；池壁粗糙，容易造成中华鳖体受伤等。

2. 放养密度过高

放养密度过高时，鳖会相互争夺食物、撕咬打架，出现不必要的损伤，受伤的鳖极易感染一些疾病，所以放养密度控制不好也是造成病害频发的一个因素。

3. 饲养管理不当

人为饲养管理如水质管理、池底质消毒、投饲、防冻、遮阴以及搭配的养殖品种、水生植物不当或缺乏等也会给中华鳖养殖的环境带来不良的影响。

4. 人为损伤

养殖过程中，鳖需要分池、运输等，如果操作过程不小心，或者工具不完善，容易造成鳖体的受伤，受伤鳖在后期养殖过程中不仅容易患病，还容易把疾病传染给健康鳖群。

二、机体因素

中华鳖的年龄、体重、体质和鳖病发生与否有着很大的关系。一般来说，年龄小、个体小、体质弱的鳖，抗病力差、死亡率高。在稚、幼鳖阶段，鳖的体质嫩弱、行动迟缓，如遇饲养不当，则极易患病，尤以破壳后的前3个月的稚鳖死亡率最高。据统计，在自然条件下，1龄鳖死亡率为10％，2龄鳖为5％，3龄鳖死亡率为1％～2％。但在人工养殖条件下，鳖的死亡率要大大高于这个比率，这是因为人工养殖条件下的中华鳖遗传属性退化（近亲繁殖导致种质衰退），加之营养不良及日常管理不善等多方面的原因，会使它们抗病力下降，对疾病的易感性增加。

三、病原体因素

病原体主要是指寄生于中华鳖机体内，可造成中华鳖类生理障碍的生物体，它包括病毒、细菌、真菌、寄生虫等。大部分中华鳖病，是由各种病原体侵袭中华鳖机体，在中华鳖失去防御能力时使其新陈代谢失调，机体发生病理变化。没有病原体的繁衍，中华鳖病的发生率就会降低。

1. 病毒

病毒是一种个体微小，结构简单，只含一种核酸（DNA或RNA），必须在活细胞内寄生并以复制方式增殖的非细胞型生物。病毒是一种非细胞生命形态，它由一个核酸长链和蛋白质外壳构成，病毒没有自己的代谢系统，没有酶系统。因此病毒离开了宿主细胞，就成了没有任何生命活动、也不能独立自我繁殖的化学物质。一旦进入宿主细胞后，它就可以利用细胞中的物质和能量以及复制、转录和转译的能力，按照它自己的核酸所包含的遗传信息产生和它一样的新一代病毒。绝大多数病毒能通过滤菌器，须用电子显微镜放大数千至数万倍以上才能看到，病毒传染性强，所导致的疾病死亡率高；目前还缺乏特效的抗病毒药物。尽管至今尚未分离到中华鳖类疾病的致病病毒，但在有些疾病中，如鳃腺炎、出血病等，已经通过组织学观察到病毒的存在，因此此类疾病由病毒所引起的可能性较大。

2. 细菌

细菌是生物的主要类群之一，属于细菌域，也是所有生物中数量最多的一类，据估计，其总数约有5×10^{30}个。原核的单细胞细菌，它的细胞很小，一千个左右的细胞连接起来仅米粒大小，一个细菌的个体大小不达几微米，需用显微镜放大几百倍以上才能看到，它的个体大小随种类不同而异。细菌的形状多样，有球状、杆状和螺旋状三类，分别称球菌、杆菌和螺旋菌。目前所发现的对中华鳖危害最大的细菌主要是杆菌，如嗜水气单胞菌、假单胞菌等。腐皮病、疖疮病、穿孔病等主要致病菌为杆菌。此外，习惯上还通过细菌对革兰氏染色的不同反应将其分为革兰氏阳性菌和革兰氏阴性菌两类，目前所发现中华鳖类的细菌性病原大多为革兰氏阴性菌。

3. 真菌

真菌，是一种真核生物。最常见的真菌是各类蕈类，另外真菌也包括霉菌和酵母菌。真菌自成一门，与植物、动物和细菌相区别。真菌和其他三种生物最大的不同之处在于，真菌细胞有含甲壳素（又叫几丁质、甲壳素、壳多糖）为主要成分的细胞壁，和植物主要是由纤维素组成的细胞壁不同。真菌的生长方式类似植物，营养摄取方式则类似动物，通过将有机物分解成植物可以利用吸收的简单物质，摄取维持生命活动所必需的营养。霉菌，是丝状真菌的俗称，意即"发霉的真菌"，它们往往能形成分枝繁茂的菌丝体，但又不像蘑菇那样产生大型的子实体。霉菌是真菌的一部分，同其他真菌一样，也有细胞壁，寄生或腐生方式生存。有的霉菌使食品转变为有毒物质，有的可能在食品中产生毒素，即霉菌毒素。自从发现黄曲霉毒素以来，霉菌与霉菌毒素对食品的污染日益引起人们的重视。黄曲霉毒素对人体健康造成的危害极大，主要表现为慢性中毒、致癌、致畸、致突变作用。中华鳖的真菌病病原有水霉、毛霉、丝囊霉及腐霉等。

4. 寄生虫

寄生虫是具有致病性的低等真核生物，可作为病原体，也可作为媒介传播疾病。寄生虫特征为在宿主或寄主体内或附着于体外以获取维持其生存、发育或者繁殖所需的营养或者庇护的一切生物。中华鳖的寄生虫种类很多，小到原虫，大到蛭类，如血族虫、锥虫、吸虫、棘头虫、蛭等。此外还有一种在中华鳖体表固着共生的寄生虫，如钟形虫，它虽不直接摄取中华鳖的营养，但是它的固着不仅会严重地危害着中华鳖的生存，使鳖的体表受损，还会导致其他病原体的继发性感染，尤其是细菌的感染。

病原体感染中华鳖的条件除了与上述的环境和中华鳖机体的状况有关之外，还与以下两点关系密切：①中间寄主。病毒要在活细胞内才能正常地生长与繁殖，寄主未感染病毒之前，必定要在某一中间寄主中寄生；有些寄生虫（如中华鳖锥虫、血簇虫等）也是通过中间寄主而感染中华鳖的。这些病原体，一旦失去了中间寄主，就切断了它侵入鳖体的途径。②条件致病。中华鳖的有些病原体（如嗜水气单胞菌）在水域中、健康鳖的皮肤及肠道内都普遍存在，一般情况下，它们不会引起鳖致病，但在某种条件诱导下，会导致病原体致病力增强。这种条件除了与环境与机体两个方面有关外，还与病原体的某些内在因素有关，目前尚缺乏研究。

第二节 鳖病的特点与检查

一、发病特点

鳖的生理特点和鱼类有极大的不同，其发病特点与鱼类病害相比也有很大的差异，比如：鳖发病的潜伏期较长，当鳖感染病原后，不会立即发病，而是经过一段时间，或者鳖体抵抗力下降时才会暴发；并发症多，鳖发病往往不是单一发病，而是多种病同时发生，相继发生；难以治疗，鳖病除了早期不易察觉外，其治疗方法也存在局限性，缺乏有针对性的特效药，使病害难以被完全治愈，反复发作。

二、检查方式

1. 目测法

鳖在感染病原或发病后，身体部位会产生明显的症状，且不同的病原其显现的症状也不同。如大型寄生虫寄生在鳖体，肉眼可以容易发现；水霉病等，在水体中也能较容易发现；此外，如活动能力、颈部与脖子粗细或水肿、体色是否正常、有无腹腔积水等也较易发现。对病死的鳖还可以解剖检查，检查内脏器官有无红肿、变色、坏死、溃烂或者寄生虫。

2. 镜检法

有些病原体需要使用显微镜或者解剖镜才能进一步被确认。由于每次镜检只能检查很小的一部分，所以取样部位力求准确，每一个病变部位要检查3次以上。取样方法为：对体表充血、发炎、溃烂的取组织或者黏液，对于疖肿部位取内容物，腹胀取腹水或血液，组织器官明显病变的直接取组织样。

3. 微生物法

从鳖身体直接分离病原微生物，经过培养、鉴定、动物试验等一系列手段，来确定患病鳖的分离病原是否为传染性或者导致该病的主要病原微生物及种类。微生物法是检测诊断细菌性或者病毒性鳖病最直接有效的手段之一。

第三节　鳖病的生态防控技术

鳖病的病原大多是嗜水气单胞菌、温和气单胞菌、爱德华氏菌等病菌。在养殖生产中存在大量使用抗生素的现象，甚至个别养殖场还使用人用药物和红霉素等禁用药物来防治疾病，造成药物残留，严重影响了中华鳖的品质、鳖产业高质量发展，以及老百姓的消费信心。因此，开展中华鳖病生态防控是贯彻绿色发展理念，推动渔业高质量发展的迫切需要。

一、防控原则

在养殖生产中，根据中华鳖疾病流行病学规律，制定生态养殖方案，采取生态防控措施，提高鳖的抗病能力，达到预防疾病、控制传染源、切断传播途径的目的。

二、防控药物与方法

防控药物原则上只使用疫苗、有益微生物制剂和中草药等。药物的使用按照《中华人民共和国兽药典（2020年版）》的规定执行。防控方法：鳖病以防为主，防治相结合，在生产中推广和应用生态养殖模式与技术。

三、防控技术

1. 环境与设施

养殖环境与设施对中华鳖的正常生活和生长繁殖具有重要的作用。养鳖场的选址宜阳光充足、环境僻静。池塘和稻田土质保水性好，以壤土、黏土为宜。环境与底质应符合《中华鳖池塘养殖技术规范》（GB/T 26876—2011）、《稻渔综合种养技术规范　第5部分：稻鳖》（SC/T 1135.5—2020）的规定。水源充足，水质应符合国家《渔业水质标准》（GB 11607—1989）和《绿色食品　产地环境质量》（NY/T 391—2021）的要求。

搭好食台与晒台，对于鳖正常摄食和晒背非常重要。通过晒背，利用强烈的太阳光和紫外线可以杀灭寄生在鳖背甲上的微生物病原和藻类，促进鳖的健康生长。

2. 品种要求

选用经全国水产原种和良种审定委员会审定的、具有水产苗种生产资质的企业生产的中华鳖苗种。自繁自育中华鳖种质应符合国家标准《中华鳖》（GB/T 21044—2007）的要求。

对引进中华鳖苗种应依法进行产地检疫和品质检验，苗种质量应符合水产行业标准《中华鳖　亲鳖和苗种》（SC/T 1107—2010）的要求。苗种放养前要查验产地检疫证明。

3. 苗种消毒

苗种消毒对水产养殖的病害发生主要起预防作用，利用消毒剂的氧化性及对病原体渗透压的改变，破坏苗种携带的病原微生物的膜结构，使病原体中酶和蛋白质失去活性，进而致其死亡，可降低鳖感染疾病的风险，减少鳖病发生。鳖苗种在放养前进行消毒，是预防疾病发生的最简单和经济有效的方法。如果苗种放养前不进行消毒，携带病原的鳖经过一段时间的饲养，可能会暴发疾病，这时再去治疗，集中消毒难、药物用量大，且效果不会太好。

4. 养殖方法

采取生态养殖模式与技术。主要有鱼鳖池塘混养、稻田养鳖、鳖与水生经济植物共作养殖、大水面增养殖、庭院养殖等。具体养殖模式与技术见第五章和第六章。

5. 饲养管理

加强饲养管理，提高鳖体质，是预防鳖病的有效措施。

（1）投螺

中华鳖在野外生长得好，活力强健，其中一个重要原因是在自然条件下，鳖主要摄食鲜活饵料。鳖喜食螺蚬和昆虫，因此在生态养殖中，应给予中华鳖足够的鲜活饵料。投放螺蛳是一个很好的办法，螺的繁殖速度比较快，投放活螺后，水体中会长期有螺。一般在 4 月和 8 月，分别在池塘中各投经消毒的活螺 1 次，每次投螺量为每亩 200～300 kg。

（2）投饲

宜选择营养全面的配合饲料，可适当搭配新鲜南瓜、胡萝卜、青菜等植物性饲料，根据饵料来源情况，补充投喂其他动物蛋白饵料。

（3）巡查

坚持早、中、晚巡池检查。检查防逃设施；观察鳖的吃食和活动情况，若发现异常及时处理；勤除杂草、敌害和污物；及时清除残饵，清扫食台；查看水色，测量水温；做好巡塘日志和生产记录。

6. 水质调控

在水产养殖中，水是最重要的因素，是生物赖以生存的必要条件，良好的水质和生态环境是水产养殖的基础。但是，由于持续养殖和过度开发而积累的大量残饵、粪便和动植物尸体造成水质恶化和细菌、病毒滋生，是导致养殖病害，鳖体生长缓慢和经济效益低下的第一因素。目前养殖中，大多依赖于排放"老水"，注入"新水"，往水中投放药物和减少投饵量等办法来改善养殖池的污染。但在连片的养殖环境中，这种办法在造成养殖池自身污染的同时也造成了周边水域的污染。所谓的"新水"与排放的"老水"其水质相差无几，又会造成交叉污染。大量换水造成环境剧烈变化还会引发养殖动物的应激反应，诱发病毒性疾病的暴发。往水中投放药物和减少投饵量会加剧生态环境的破坏和降低动物的免疫力，造成养殖生产的恶性循环。近几年来泰国一些地区以及我国台湾、南方地区逐渐发展起来的少量换水、循环和增氧对上述问题有一定的改善，较好地杜绝了交叉污染。但养殖过程中残饵、粪便与动植物尸体基本上得不到清除，水质恶化及病菌滋生仍得不到彻底解决。

养鳖场的水质处理主要包括水源水处理、养殖尾水处理以及养殖过程水处理，整个养殖过程的水质好坏直接影响着疾病的防控，是养殖成功与否的一个非常关键的因素。养殖尾水处理以及养殖过程水处理在前面的章节中已介绍，这里重点介绍水源水处理的方法。

养殖场如果没有稳定的水源和良好的水质保障，要顺利进行养殖生产是不可能的。养殖水源一般分为地面水源和地下水源，无论是采用哪种水源，在建设水产养殖场时都应选择在水源水量丰足、水质良好的地区建场。水产养殖场的规模和养殖品种也要结合水源情况来决定。采用河水或水库水作为养殖水源时，要设置防止野生鱼类进入的设施，还要考虑周边水环境污染可能带来的影响。使用地下水作为水源时，要考虑地下水源的供水量是否能满足养殖需求，供水量一般为10天左右能够把池塘注满为宜。选择养殖水源时，还应考虑工程施工等方面的问题，利用河流作为水源时需要考虑是否筑坝拦水，利用山溪水流时要考虑是否建造沉沙排淤等设施。水产养殖场的取水口应建到上游部位，排水口建在下游部位，防止养殖场排放水流入进水口。养殖用水的水质必须符合《渔业水质标准》（GB 11607—1989）规定。近几年养殖失败的案例，超过60％是受到水环境影响所致。我国水产养殖场在选址时面临池塘外界水源在符合指标内的占比太少的问题，水质存在问题或阶段性不能满足养殖需要。对于部分指标或阶段性指标不符合规定的养殖水源，应考虑建设源头水处理设施，并计算相应设施设备的建设和运行成本。

源头水处理设施一般有沉淀过滤池、杀菌消毒设施、人工生态系统等。

（1）沉淀过滤池净化

沉淀过滤池净化是应用沉淀原理去除水中悬浮物的一种水处理设施，主要用以降低污水中的悬浮固体浓度。它的水力停留时间一般应大于 2 小时。其可以和过滤池结合设计，由于外源水中的污染物等大部分以悬浮态大颗粒形式存在，因此采用物理过滤技术去除是最为快捷、经济的方法。因此建造过滤池是通过滤料截留水体中悬浮固体和部分细菌、微生物等来达到水处理目的。对于悬浮物含量较高或藻类寄生虫等较多的养殖源水，一般可采用快滤的方式进行水处理。快滤池一般有 2 节或 4 节结构，快滤池的滤层滤料一般为 3～5 层，最上层为颗粒较细的石英石等细沙，往下过滤材料逐渐变粗，可以为无烟煤粒、沸石、铁矿粒、云石等。在处理水产养殖水体中，用砂滤池能很好地去除悬浮物，但是去除氮和磷效果不佳；改用斜发沸石可以吸附一定量的氨。沸石过滤兼有过滤与吸附功能，不仅可以去除悬浮物，同时又可以通过吸附作用有效去除重金属、氨氮等溶解态污染物。

（2）杀菌消毒设施净化

养殖场孵化、育苗或其他特殊用水需要进行水源杀菌消毒处理。目前一般采用紫外杀菌装置或臭氧消毒杀菌装置，或臭氧-紫外复合杀菌消毒等处理设施。杀菌消毒设施的选择取决于水质状况和处理量。

紫外杀菌装置是利用紫外线杀灭水体中细菌的一种设备和设施，常用的有浸没式、过流式等。浸没式紫外杀菌装置结构简单，使用较多，其紫外线杀菌灯直接放在水中，即可用于流动的动态水杀菌，也可用于静态水杀菌。

进水水源中还可能存在难以被生物降解的有机物，因此，利用臭氧等化学氧化剂的氧化作用，氧化分解难以被生物降解的溶解态有机物是水源水深度处理的主要手段。用臭氧处理，既能够迅速灭除细菌、病毒和氨等有害物质，又能增加水中溶解氧，从而达到净化养殖废水的目的。臭氧杀菌消毒设施一般由臭氧发生机、臭氧释放装置等组成。淡水养殖中臭氧杀菌的剂量一般为每立方米水 1～2 g，臭氧质量浓度为 0.1～0.3 mg/L，处理时间一般为 5～10 分钟。在臭氧杀菌之后，应设置曝气调节池，去除水中残余的臭氧，以确保进入鱼池水中的臭氧低于 0.003 mg/L 的安全质量浓度。

（3）人工生态系统净化

人工生态系统类似自然沼泽地，但由人工建造和控制，是一种人为地将砂石、土壤、煤渣等一种或几种介质按一定比例构成基质，并有选择性地植入植物的水处理生态系统。人工生态系统的主要组成部分为：人工基质、水生植物、微生物。对水体的净化效果是基质、水生植物和微生物共同作用的结果。人工生态系统按水体在其中的流动方式，可分为两种类型：表面流人工生态系统和潜流型人工生态系统。人工生态系统净化包含了物理、化学、生物等净化过程。当富营养化水流过人工湿地时，砂石、土壤具有物理过滤功能，可以对水体中的悬浮物进行截流过滤；砂石、土壤又是细菌的载体，可以对水体中的营养盐进行消化吸收分解；湿地植物可以吸收水体中的营养盐，根据微生态环境，也可以使水质得到净化。

7. 疾病防治

（1）鳖病预防

可接种中华鳖病毒或者细菌疫苗进行免疫预防。

通过暴晒或者使用漂白粉等消毒剂对渔具消毒。同时，定期使用漂白粉等消毒剂对食台消毒。

鲜动物、植物饲料宜消毒后投喂，洗净后用 5％的食盐水浸泡 10～15 分钟，再用清水漂洗后投喂。肉类加工的副产品宜煮熟后投喂。

中草药预防：在 5—6 月鳖病流行季节，用中草药板蓝根 1～1.5 kg、大青叶 1～1.5 kg、蒲公英 1～1.5 kg、鱼腥草 1.5～2 kg、黄芩 1～1.5 kg、连翘 1～1.5 kg，粉碎后拌入 100～150 kg 的饲料进行喂养，连续投喂 7～10 天。

投喂有益微生物菌群预防：在饲料中拌入酵母菌、光合细菌、芽孢杆菌等有益微生物菌群，按产品说明书使用。

（2）疾病治疗

发现病鳖后，应及时对养殖水体进行消毒，同时捞出病鳖并隔离，用药物治疗。药物使用按照《绿色食品　渔药使用准则》（NY/T 755—2022）的规定执行。药物休药期按照《中华人民共和国兽药典（2020 年版）》的规定执行。及时捞取病死鳖，按规定进行无害化处理。

第四节　常见的鳖病及其防治

一、鳃腺炎

鳃腺炎可由病毒、细菌或真菌引起。已报道的病毒有疱疹病毒、彩虹病毒、弹状病毒，细菌有嗜水气单胞菌和温和气单胞菌。病鳖体外症状主要表现为颈部异常肿大但不发红，全身浮肿，内脏出血，腹甲上有出血斑，后肢窝隆起，及至全身浮肿，眼睛呈白浊状甚至失明；行动迟钝，常伸长头颈，不愿入水；引颈呼吸，不吃不喝，最后衰竭而死。临床上常把此病分为三种类型。

出血型：病鳖底板、四肢及尾部有红斑，口鼻出血，解剖检查可见其鳃状组织有纤毛状小突起，且充血糜烂，有分泌物，口腔、食道发炎充血，肝脏充血肿大呈"花肝"，肠道内充满成团的血液，同时腹腔严重积水。

失血型：病鳖底板、四肢及尾部无红斑，解剖可见其鳃腺有纤毛状突起并伴有淡白糜烂，有分泌物，食道和肠管内有黑色淤血块，肝脏土黄色，质脆易碎，深入分析解剖无血流出，肌肉和底板灰白无血色。

混合型：病鳖鳃腺鲜红，食道和肠管内有黑色淤血块，腹腔充满血水，肌肉和底板呈白色。

把鳃腺炎分成上述三类类型，只是为了诊断上的方便，实际上，这三种类型是鳖鳃腺炎病程发展的三个阶段，即早、中、晚期。

鳃腺炎主要危害稚幼鳖，2龄以上鳖则较少发病。该病常年均可发生，但主要流行季节在5—9月，6月中下旬为发病高峰期。发病水温为25 ℃～30 ℃。发病率在20%～60%，发病15天开始死亡，死亡率很高。

预防方法如下：

①病因未明，以预防为主，引进时要检疫，发病后要深埋、焚烧。

②用大青叶20 mg/L、板蓝根40 mg/L水煎剂全池泼洒。

治疗方法如下：

①50 g以上的幼鳖，每千克体重注射链霉素20万IU，隔天1次，连续注射2次，发病早期有效。

②病重的鳖注射复方大青叶和板蓝根注射液，剂量为2 mg/kg，每天2针，然后将其浸入60 mg/L的大青叶、板蓝根合剂溶液中。或肌内注射穿心莲注射液（2 mL/kg）。

③应注重对水体消毒，并用有益微生物等水质改良剂调控水质。

二、细菌性败血症

鳖细菌性败血症又称红脖子病、出血性败血症、气单胞菌病等。病原主要是嗜水气单胞菌，此外还有迟缓爱德华菌。在发病早期，鳖食欲减退，反应迟钝，腹甲轻度充血；在疾病后期，病鳖的腹甲、颈、四肢、口腔、舌尖、鼻充血及出血；颈部红肿出血，不能缩入，口及鼻孔中流血水，有的眼睛失明，全身肿胀；解剖可见食管、胃、肠的黏膜充血、出血，肝、脾有充血、出血、坏死病灶，肝肿大，呈土黄色或灰黄色，有针尖大的坏死灶，脾肿大，有的还有腹水。鳖完全停止进食，常爬上岸，钻入泥沙中，见人也不逃避，大多在岸上晒背时死亡。

该病稚鳖、幼鳖及亲鳖均受害，死亡率很高。发病季节主要是每年的3—10月，水温18 ℃易发病，温室养殖一年四季均有可能发病，死亡率在20％～30％。

预防方法如下：

①成鳖和亲鳖在放养前，要将池塘底泥和沙子翻耕一遍，然后曝晒几天，再每亩用200 kg生石灰兑水喷洒消毒，为成鳖和亲鳖的入池创造一个健康的环境。

②放鳖前，每立方米水体泼洒50 g生石灰；或每立方米水体用2 g漂白粉全池泼洒，彻底清塘。

③鳖种下池前用浓度为2％～3％的盐水，或5～10 mg/kg的漂白粉精，或20～30 mg/kg的高锰酸钾水溶液药浴5～10分钟。

④活饵料洗净后用5％盐水浸洗5～10分钟，食场定期泼洒漂白粉进行消毒。

⑤食物要适口，营养丰富，供应充足，可采摘新鲜马齿苋粉碎后，拌入饵料，或煮水浸泡病鳖。

⑥疾病流行季节，按0.4 mg/L的质量浓度全池泼洒三氯异氰尿酸，并内服抗微生物药土霉素或者氟苯尼考，3天后，药量减半。

⑦在日常饲养中，应经常注意水质的变化和管理，保持水体清洁，经常换水。在发病初期可每天加注5 cm深的新水，使病情减轻和缓解。

⑧平常收集病鳖的肝、肾、脾等组织，做成土法疫苗。注射后放池，以增强鳖的自身免疫力。

⑨勿使病鳖混入，发现病鳖，立即捞出，进行隔离治疗，病死的鳖应埋掉。

治疗方法如下：

①鳖患病后，每隔1～2天，按0.3～0.5 mg/L的质量浓度全池泼洒三氯异氰尿酸，共洒1～3次。

②每100 kg鳖用15 g氟苯尼考，或20 g土霉素拌饵投喂，每天投喂2次，连喂5～7天。或者100 kg鳖用卡那霉素或庆大霉素1500万～2000万IU，混入饲料中一次投喂。

③使用硫酸铜 8～10 g 溶于 1 m³ 水中，浸洗病鳖 10～20 分钟；或使用链霉素 50 mg/L 浸洗病鳖 3 小时，每天 1 次。

④单个爬上晒台、沙中和在水面独游的病鳖，每千克鳖可腹腔注射庆大霉素或卡那霉素 10 万～20 万 IU 一次，不连续注射，重病者可间隔 3～4 天再注射一次。

⑤按每千克 20 万 IU 的剂量肌内注射链霉素后，放入浓度为 0.75％的土霉素水溶液中浸洗 30 分钟。

⑥用病鳖肝、脾制成土法疫苗，每千克鳖注射 1～2 mL。

三、腐皮病

病原为嗜水气单胞菌、温和气单胞菌、假单胞菌、无色杆菌等多种细菌，以气单胞菌为主要致病菌。发病初期，鳖精神不振，反应迟钝，腹甲轻度充血；发病后期，体表腐烂或溃烂，病灶部位可发生在颈部、背甲、裙边、四肢以及尾部，这也是该病的主要特征。常表现如下：颈部皮肤溃烂剥离，肌肉裸露；背甲粗糙或呈斑块状溃烂，皮层大片脱落；四肢、脚趾、尾部溃烂，脚爪脱落；腹部溃烂，裙边缺刻，有的形成结痂。病鳖肝脏和胆囊肿大，肝颜色发黑、易碎。

该病对稚鳖、幼鳖、成鳖和亲鳖都可危害，成鳖和亲鳖往往病程较长。

该病主要危害高密度囤养育肥的 0.2～1.0 kg 的鳖，尤其是 0.45 kg 左右的鳖危害更甚。该病发病率高，持续期长，危害较严重，死亡率可达 20％～30％。我国从南到北各个鳖的养殖区域都有此病流行，尤以长江流域一带严重。流行期是 5—9 月，7—8 月是发病高峰期；如果水温高，生长季节延长，该病的流行季节也会延长。温室中全年均可发生。该病的发生与水温有较密切的关系，水温 20 ℃以上即可流行，温度越高，该病发生率越高，且常与疖疮病并发，发病死亡率达 20％～30％。

预防方法如下：

①在幼鳖饲养中，应注意及时分级饲养，以减少鳖间的撕咬、争斗，减少由体表创伤感染病原的机会。

②发现病鳖及时分离治疗，同时加强对水质的管理。

③用鱼作饵料必要时应做适当处理，以防病原通过食物传播。

治疗方法如下：

①水体用戊二醛或者络合碘溶液消毒。

②可用百万分之四十的土霉素溶液浅水浸浴病鳖 4～5 天。

③个体较大的病鳖可采用迫食药物的方法进行治疗，每千克体重投喂氟苯尼考0.15～0.2 g或盐酸多西环素0.2 g，一天1次，连用3～5天。

四、鳖疖疮病

病原主要是气单胞菌、普通变形杆菌、产碱杆菌。病鳖首先在颈部、背部、腹部、四肢长有1个或数个芝麻至黄豆大的淡黄色或白色疖疮，疖疮逐渐扩大，向外突出，四周红肿，最终表皮破裂。此时用手挤压四周会压出带有臭味的黄白色颗粒或脓汁状的内容物，有的黄白颗粒易被压碎，或放入水中即自行分散为粉状物；随病情发展，内容物会自行散落，留下一个空洞，形成明显的溃疡。病鳖会因此全身不适，不进食，活动减弱或静伏于池周岸上或食台上，并逐渐消瘦。最后四肢和头不能缩回，衰竭而死。有的病鳖因病原菌侵入血液，迅速扩散全身，呈急性死亡，发病鳖肺部充血，肝脏肿大，呈黑色或褐色，体腔内有积水。

该病对稚鳖、幼鳖、成鳖和亲鳖均危害，但对稚鳖、幼鳖的危害为大。发病快，死亡率高，该病的流行时间是5—9月，发病高峰期是5—7月；如果气温较高，10月份也会继续流行，本病也是温室养殖常发生的疾病。该病的流行温度是20 ℃～30 ℃，水温30 ℃左右时此病极易发生。在我国湖南、湖北、河南、河北、安徽、江苏、上海、福建等地曾发现此病流行。

有学者认为，鳖疖疮病其实是鳖腐皮病的病情进一步发展，因此，鳖疖疮病的防治方法可同鳖腐皮病。

五、白底板病

该病病原较复杂，尚无定论，包括细菌性病原与病毒性病原及细菌和病毒交叉感染。细菌性病原有嗜水气单胞菌、迟缓爱德华菌、假单胞菌、普通变形菌等。病毒病原分类地位尚不明了。病鳖外观体表完好无损伤，无任何外伤或者疖疮等症状，底板大部分呈浮白色或苍白色，极度贫血，头颈肿胀伸长，全身性水肿，解剖时伤口无血液流出，背甲稍微发青。解剖可见腹腔内大量积液，肌肉苍白无血，亲鳖的卵无血丝。肝、肾肿大质硬，呈土黄色；心肌淡白，松软扩张，胆囊肿大，肾脾变黑缩小，肠道发白，呈贫血状，结肠后段坏死，内壁脱落出血，血液常淤积在直肠中，肠壁坏死松软，因此雄性生殖器常脱出体外，雌性鳖中常见直肠中血液从泄殖腔排出体外。病鳖无食欲，反应迟缓，四肢无力，浮于水面难以沉底，摄食量较低，有时夜晚游至岸边，脖子伸直翻转，最后死亡。

该病主要危害成鳖、亲鳖和幼鳖，是近几年中华鳖养殖中危害较为严重的一种疾病，该病发病时间短，发病过程急，一旦发生难以控制，死亡率为30%～50%，严重时可导致全池覆灭。该病流行时间长，春、夏、秋均可发生此病。主要流行时间是5—10月，6月为发病高峰。25 ℃～30 ℃时易发病。该病在湖北、福建、湖南、河南等省的鳖养殖地区较为流行，特别是进行集约化或者高密度养殖的温室中，发病较为突出。

预防方法如下：

①选用优质中华鳖苗种，提高中华鳖的生长和抗病能力。

②严格进行消毒：放养前半个月，鱼塘必须用生石灰或漂白粉等彻底消毒才可使用；在出池、放养以及过塘过程中注意细心操作，以免机械损伤。

③定期进行水质调节和水体消毒：每隔15～20天每亩水深1 m用20 kg的生石灰或用350 g的二溴海因全池泼洒；每1 m^3 水体用1～3 mL光合细菌改善水质，中和池中各种有机酸，改善底质环境，保持水质稳定，防止强烈和频繁的应激引起中华鳖抵抗力下降。

④选用营养均衡、新鲜度好的中华鳖配合饲料，保证中华鳖的正常生长和增强体质；出温室放养前10天应在饲料中加强维生素C和速饵净的添加，以增强中华鳖自身免疫力，提高抗病能力。

治疗方法如下：

①每亩水深1 m用大黄750～1500 g煎煮后和硫酸铜500 g全池泼洒。

②每亩水深1 m用五倍子350～750 g煎煮后全池泼洒。

③投喂药饲。在饲料中加入先锋霉素，投喂方法是：第一天用药每50 kg饲料添加50 g，第2至第7天减半，7天为一个疗程。

④在饲料中添加维生素C，具体方法是每50 kg饲料中添加25～50 g的维生素C（含量90%以上）。

六、鳖的血簇虫病

病原主要有三种：中华血簇虫、湖北血簇虫和帽血簇虫。病鳖红细胞内挤满了血簇虫，寄生细胞核被挤到一边。细胞严重膨大，变形，失去正常的生理功能。当血簇虫在红细胞内进行裂体增殖时，会造成大量红细胞解体，外周出现许多幼红细胞，进行代偿性增生；白细胞表面亦出现许多伪足状突起。血簇虫在血细胞内裂殖时，对血细胞有破坏作用。血簇虫大量寄生会引起鳖贫血、不安、活动减弱、生长停滞，最终消瘦死亡。

该病在各年龄段的鳖上均有发生，但一般未发现有较大的危害，流行期是 3—12 月，主要为 5—9 月，温度越高，流行越快。

预防方法如下：

①消除池底过多淤泥，并进行消毒。

②发现鳖体表有鱼蛭寄生，应及时用老丝瓜瓤吸足猪血，待血凝固后放入池中诱捕鱼蛭，并将鱼蛭压死。

目前尚无理想的治疗方法。

七、钟形虫病

该病由钟形虫寄生引起。鳖体被钟形虫附着而引起组织溃烂，背、颈、脚、尾等处长出白色纤维状絮毛，病鳖食量减少直至不吃，行动迟缓，体质逐渐消瘦，最后身体溃烂而死。此病死亡率较高。

防治方法：可将病鳖用百万分之八的硫酸铜溶液浸洗鳖体 24 小时，或用 2%～3%食盐液浸洗 3～5 分钟，或用百万分之二十的高锰酸钾溶液浸洗，每次 30～35 分钟，每天 1 次，一周后可治愈。

八、脂肪代谢障碍病

该病主要是由于鳖摄入了腐烂变质的鱼肉，或霉变的干蚕蛹，或长期摄食高脂肪的饲料，导致变质脂肪酸在体内积累，造成代谢机能失调，逐渐发展为病变。

病鳖腹部呈锈色并有灰绿色斑纹，颈粗，皮下水肿，四肢肌肉软而无弹性。裙边瘦而有皱纹；体变高而重，行动迟缓，常游于水面，最后停食而死。病症较轻时不易被发现。

防治方法：保持饵料新鲜，不投喂腐败变质的食物，特别是变质的干蚕蛹，经常添加维生素 E 于饵料中。多用人工配合饵料。

九、营养性肝病

主要是由于使用的鱼粉变质、油脂酸化、饵料不新鲜或者饲料受潮变质产生的有毒物质对肝脏造成损伤或者油脂过多形成的脂肪肝。该病主要发生在 200 g 以上的成鳖阶段，发病后鳖体厚大，裙边窄薄，四肢肿胀，行动迟缓，生长缓慢，产卵数量和受精率大大下降。

该病主要是由于长时间使用变质饲料引起，是累积性的一种疾病，一旦发病治疗较为困难。主要应做好预防工作，如投喂优质饲料，保障营养均衡，定期投喂一些保肝护肝或者促消化、解毒的中草药。

十、水质不良引起的疾病

池中腐败物过多，易产生氨气，当水中含氨量达 $2\sim5$ mg/L 时，鳖就会中毒生病。病鳖腹侧甲壳变红，背甲变软，裙边卷缩，体形消瘦，爬上岸不吃食、不活动。发现有上述情况，应立即排除污水，加注新鲜水，并在水体中泼洒硝化菌。

第八章　中华鳖的捕捞与运输

第一节　中华鳖的捕捞

做好中华鳖的捕捞工作对于提高中华鳖的回捕率及提高养殖效益有着十分重要的意义，是养殖最终环节的重要节点。同时，做好中华鳖的包装与运输又是提高中华鳖商品价值的途径，保证其有较好的销售空间，争取最大的经济效益。中华鳖的捕捞应根据不同的水体、不同的季节采用相应的工具和方法，在捕捞过程中要小心操作，减少对鳖体的伤害。我国民间中华鳖养殖与捕捞的历史很长，捕捞方法多种多样，下面详细介绍不同的捕捞工具与捕捞方法，各地可根据实际状况选择适宜的捕捞方式。

一、干塘集中捕捞

主要用于池塘养殖。如果需要大部分或者全部捕捞养殖池塘中的鳖时，需要将池水排干。采取脚踏和翻泥捕捞法相结合。用木质小耙子由池的一侧依次翻土，捕捉潜入泥沙中的鳖。对于池塘较大难以全面翻土的，可先将池塘内水排至 20 cm 深，然后边捕捉边将池水搅浑，再将池水全部排干，人不再入池。等到夜晚，泥沙中的中华鳖会全部爬出。此时可用灯光照捕，一般可一次捕尽。若不放心可用大的中华鳖叉在池塘中再戳一遍。

二、探测耙

探测耙用竹子或木棍支撑，手柄长度在 90 cm 左右，顶端有横挡，宽度为 60 cm，上面有 10 个左右由尖锐竹条做的齿，齿长 40 cm。一般适于秋末冬初，或早春解冻不久时进行探测。这时天气尚冷，鳖还在泥沙中冬眠，用探测耙在鳖的栖息区域进行探测，若耙接触到鳖时，便会发出"嘭嘭"的闷响之音。触感比泥沙硬、砖瓦软时，即可判断有鳖。用脚踩住鳖的前部，使其后部翘起，再用两手扣住鳖的后肢窝，将其拿出水面即可。采用此法捕捞需要掌握鳖的冬眠场所。鳖喜欢成群潜居在向阳背风，水深 1 m 左右的深沟或软泥较多的凹陷处。有时还可以在水面上观察到鳖在水中呼吸时冒出的气泡，按气泡上升的位置即可查到。此法普遍用于池塘养殖捕捞。

三、摸鳖

摸鳖首先要判断鳖在水中的大体位置。一般当鳖遇到惊扰后，便会迅速沉入水底，受惊之余使劲往泥里钻，呼出的气泡垂直冒出水面，呈略显浑浊的小气泡和小水波。可根据水底冒出来气泡的位置潜水，用手脚同时摸鳖。如果判断不准鳖的位置时，可在水中用双手掀起水波或用手掌打击水面，附近鳖闻声会相继逃跑。待鳖露出水迹后，人再继续赶上，就能摸到鳖。摸到鳖时，鳖因受惊，会使劲钻泥沙，可先用脚踩住鳖的前部，用手捉其甲之后缘，把鳖用力向泥沙中插一下，以防逃逸，当鳖不再往下钻时，将大拇指和食指呈钳状，牢牢卡住鳖的后肢左右两腋下（俗称阴阳扣），将其提出水面即可。操作熟练的人，在鳖刚出水面、头颈向外伸出时，用一只手捉住鳖颈部，将其提出水面，鳖就很难逃跑了。

一般鳖在水中只顾逃逸，不会主动咬人，而出水后就容易咬人了。一旦人被鳖咬住，不要惊慌，只要迅速把鳖放入水中，鳖便会即刻松口。如仍不松口，可将鳖放到桌面上，让其自由活动，或用棍捅它的鼻孔，它会马上松口。

四、地笼

地笼属倒须形、定置延绳式笼壶类渔具，一般长 10～15 m，分 15～20 节，骨架为竹制或金属制，笼身为聚乙烯网片。在笼内悬绑些鳖喜欢吃的食物，如鱼虾、青蛙等，傍晚作业时，把地笼放入池塘离池边 1 m 外，尾部系在竹竿上，每隔 2～3 小时收捕一次，以防进入地笼的鳖窒息死亡。此方法适合需求量较小时采用，捕捞达规格的中华鳖上市或囤养。

五、网捕

刺网俗称丝挂网，一般用聚乙烯单丝线编织而成。在鳖的摄食及繁殖旺季，鳖活动频繁，采用多道大网目刺网，傍晚前拦设于鳖的过往水域，鳖通过时被网衣裹缠，即可达到捕捞的目的，第二天收获。网捕捞时浮子和沉子不宜过大，保证网能顺利张开，底纲要贴合池底。适用于池塘、河道、湖泊等不同水体，以春夏季效果为好。也可以采用拉网的形式捕捉，但网眼要大一点，收网要快，否则鳖会逃走或者钻走，或潜伏于池底泥土中，同时拉网捕捞人员多，较嘈杂，容易使鳖受惊，因此在生长季节不宜采用。

六、滚钩

一般在鳖的摄食和繁殖季节，将多道磨得锐利的滚钩拦设在其活动频繁的浅水处，鳖一旦被钩住身体某一部位，因其挣扎活动，往往被滚钩牵制，挣脱不得。适用于湖泊、河道等自然水体。

七、针钩

目前不少地区采用针钩捕捞效果很好。一般采用 3 号或 4 号普通缝衣针，将针鼻用铁钳夹断，使针的两端都尖锐，然后用直径 1.3～1.5 mm 粗的胶丝线，长度根据需要而定，将钓线在针中间绑牢，另一端绑在池边的短棍上，以便作为起钩和固定的标志。钓饵采用新鲜的猪肝、羊肝或其他鲜肉，钓饵上最好沾有少量的五香粉、麻油、冰片等（即普通烹调佐料），将钓饵切成拇指粗，以鳖能畅通吞下为宜，长度以钓饵两端不露针即可。然后将针穿在钓饵中心，胶丝线在针的一端伸出，或在针中央伸出均可，将钓饵投放在鳖经常出没的地方，另一端牢牢固定。在鳖将有针的钓饵吞进口腔或胃中后，感到有异物刺扎，会往外吐。因一端已扎在食道（或胃）壁上，另一端在吞的过程中恰也横在食道（或胃）的另一侧壁上，逃走时衣针会横在鳖咽喉处，此时即可趁机捕获。

八、鳖枪

鳖枪是一种特殊的钓捕工具，由重锤、钓钩、钓线、滑轮及转盘等组成，一般在春末开始，中华鳖在池塘中觅食时，常浮至水面透出脑袋，遇有响动即迅速沉入水底并冒出一连串气泡。有经验的钓手，可据此准确地抛出串钩，待坠沉至水底后左右提动串钩，使钩绊住中华鳖的"裙边"和四肢。此法在池塘中可沿用至秋季，是钓中华鳖的专门技法。重锤重量要达 100 g，钓钩钩尖锋利，将 4 对钓钩放置在钓线上，钓竿长度约 1.5 m，摇轮直径 15 cm，凭手指的压和松，在抛出钓线时使线由摇轮经竿尖的滑轮，由坠的带动顺利滑出。钩的形状如放宽和压扁了的"M"形。钓中华鳖的关键是准确判断和寻找中华鳖在水底的位置，以适当的提前量，使串钩在水底快速移动，让钩在运动中划过中华鳖身时将中华鳖带翻，以锋利的钓钩抛出挂捕。随着中华鳖四肢的划动和挣扎，两个向内微微折进的钩尖便深深掐紧中华鳖身。这种方法对经验丰富的枪手来说成功率很高，特别适合池塘或者湖泊的捕捉。

九、灯光照捕

适用于产卵期间，雌鳖在夜晚安静时上岸掘坑产卵，此时它行动迟缓，用灯光照捕，很易捕获。

第二节　中华鳖的运输

随着中华鳖养殖业的兴起，其运输方法亦愈来愈多，但中华鳖性凶残，常互相争斗，运输中往往造成鳖的严重外伤及细菌感染而引起鳖大批死亡。因此在运输中华鳖前应先严格检查待运中华鳖，选取外形完整、状态活泼、喉颈转动灵活、能迅速翻身的中华鳖，确保运输成活率。中华鳖运输前最好停食数日，以减少运输途中排泄量。

一、鳖卵的运输

用 1.5 cm 厚的杉木板钉成 90 cm×45 cm×25 cm 的木箱作为运输箱，箱上钉有可活动的盖板。同时选购与箱底尺寸合适的 0.5～1 cm 厚的海绵用于铺设箱底。运输时选用粒径为 0.3～0.5 mm 的细沙。先将准备好的海绵浸入水中 1～2 分钟，拿起以不滴水为宜，铺于运输箱底，然后在海绵上铺上 1.5～2 cm 厚的细沙（沙含水量为 7%，运输路途远的可增加到 10%）。将选好的鳖卵整齐地排列于沙上，卵顶有白点的一端（动物极）向上，植物极向下，箱壁四周应离鳖卵 1.5～2 cm 以利防震和防挤压；排列一层后再放上 0.5 cm 的细沙继续排列，每层可排 800～1000 粒鳖卵，每箱可排 5000 粒左右。最上一层鳖卵应离盖板 3～4 cm，然后铺满沙，轻轻拍实封好箱盖即可运输。运输过程应轻轻搬运，汽车运输应尽量保持车体平稳。

二、稚幼鳖的运输方法

夏季早、晚、夜间运输；冬季白天运输。冬季保温，夏季遮阴。

1. 干运法

干运法即运输时不带水，直接把幼鳖放入通风透气、盛有柔软而保水填充物的容器中运输。

运输工具：特制的薄型长方体木箱，箱体规格为 45 cm × 60 cm × 20 cm，箱的四周及箱盖设有通气孔。常见的有孔薄型塑料盒、有孔塑料运输箱、藤篓、竹篓等，都可作为运输幼鳖的工具。运输箱内的填充物可用浮萍、水葫芦、水浮莲、切断的水花生及其他不易腐烂的水草。

运输程序：首先将幼鳖用 20 mg/L 的高锰酸钾溶液浸泡消毒，然后放入用 4 mg/L 的漂白粉溶液浸透的装有浮萍的容器中，视重量和厚度将容器捆成捆，以防途中破散、逃鳖。在运输途中，要常淋新水以保湿和降温。鳖运到目的地后，如果运输箱内的温度高于池水温度，不能立即将鳖放入池中，而应让鳖先适应池水温度。可用池水喷洒鳖几次，或连同容器一起放入池中降温，待鳖适应后，再将其缓缓放入池中，以免鳖因温差较大应激而生病，甚至死亡。

2. 湿运法

湿运法即带水运输，是在运输容器内装清洁无毒的水，放入稚鳖、幼鳖运输。这种容器要保持口面通风透气，可用帆布桶、木桶、塑料桶、藤篓等装运。要求容器内壁光滑、无毛刺，不致损伤鳖体。鳖体经高锰酸钾溶液浸泡消毒 10 分钟后放入盛水容器中，水面适当放些水草如水浮莲或水葫芦。这样做的好处是：水草在水中随车运行的晃动可增氧，还可以减少容器中的水溅出；水草有吸热降温作用，可使运输容器的水面温度降低，利于长途运输；水草覆盖于容器表面，可以给鳖营造安宁的环境。

三、亲鳖的运输方法

运输密度可随鳖的大小不同而灵活掌握。在气温高时，亲鳖活动力强、行动敏捷，容易发生相互撕咬的现象。因此，亲鳖最好用小布袋装运，每袋装 1 只。布袋要求透气良好，装袋前进行清洗、高锰酸钾溶液浸泡消毒、再清洗等，可以减少亲鳖受伤和提高亲鳖成活率。夏季用 20 ℃左右的水冲洗一次降温，运输时鳖体下多垫水草，增加弹性。

在高温季节运输亲鳖，其体内可能有即将成熟或待产的卵，要严防挤压，以免造成伤亡。同时要保持凉爽而潮湿的运输环境，途中常淋清水。夏季早、晚、夜间运输好，夏季白天气温高，冬季鳖冬眠不宜运输。不要在烈日暴晒下运输。在高温季节运输少量的亲鳖，可以参照运输稚鳖、幼鳖的方法，用透气容器装运，在容器内放入浮萍或水葫芦，让鳖自行钻入，途中淋水保持湿润，效果更好。

当水温在 15 ℃以下时，鳖体疲软，此时鳖一般不会撕咬。可以用有孔木箱或有孔泡沫箱装运，箱体高度以 20 cm 为宜。在秋末冬初，水温低于 18 ℃时，亲鳖运到目的地后，最好先放入温棚的水池中暂养，继续育肥，然后徐徐降温，让其在亲鳖池中自然冬眠。如果是春末夏初运输，尽管水温低于 18 ℃，亲鳖入池后不会冻死，但最好让它先进入温棚，使其提早进入繁育期，争取早产卵。

四、成鳖的运输方法

成鳖在运输前 3 天应停止喂食，并需将鳖体表淤泥冲洗干净。夏季早、晚运输为宜；冬季白天运输为宜。

1. 木箱运输法

木箱长、宽各 50～70 cm，高 15～30 cm，内部使用水草、刨花等柔软之物或木板依鳖的大小将木箱隔成数区，各区置鳖 1 只，鳖体上部及下部均铺以水草等柔软物，使其无处活动。箱壁周围应留许多通气孔。钉紧箱盖后即可运输。

2. 筐（篓）运输法

大体同木箱运输。有条件的可先在筐或篓的内壁铺上一层麻袋片，这样可避免容器刺伤或划破鳖体，然后将器具牢牢绑紧即可外运。

3. 木桶运输法

需先在桶底铺 5～10 cm 厚的细沙，并装一定量水，然后将鳖放入，桶口用透气且结实的布物包严扎紧，运输途中给予换水。应用此法经长时间的运输成鳖仍可成活良好。

4. 布袋运输法

先缝制同鳖体相同大小、透气性好的布袋，把鳖单个装入布袋，使其头爪缩入甲内，然后扎紧袋口，再装入其他容器中运输即可。

五、运输中的注意事项

鳖的生命力很强，比鱼类运输容易，但也应注意以下几个方面，以提高其运输成活率。

（1）暂养：不能及时外运的鳖，可放入浅而小的暂养池中。也可将其装入铁笼内。但铁笼不可在空中悬置，也不可全部浸入水中，前者易引起撕咬造成鳖伤残，后者易使鳖窒息死亡。可将笼半浸入水中或放入有一定软泥的浅水中。外运前须逐个挑选，剔除病伤鳖。

（2）降低温度：注意运输季节，气温在 8 ℃～15 ℃时鳖呈半冬眠状态，呼吸次数少，活动力弱，运输成活率高。高温季节必须要运输时，可采用冰块或其他人工降温措施，以提高运输成活率，还要做好防冻、防晒工作，保证运输安全。

（3）保持潮湿：在运输过程中要经常喷水，使运输器具及鳖体保持潮湿，满足鳖在脱离水体后的生态要求。

（4）清洁卫生：鳖在装箱之前要冲洗干净，长途运输前要停食。一般途中不能给饵，远距离运输前应停食数日，减少运输途中鳖的排泄量。途中应每隔数日将鳖体及运输器具冲洗一次，以清除排泄物对鳖运输环境的污染。

（5）防逃和互咬：途中应经常检查运输器的牢固程度，以防鳖逃逸或因隔离物丢失引起互咬，同时还要防止蚊虫叮咬。

（6）器具消毒：运输前将运输器具用高锰酸钾药液浸洗消毒，装鳖用的箱、篓等器具，内壁要求光滑，以免刺伤鳖体。

第九章 中华鳖的绿色食品认证

第一节 绿色食品的概念及标志

一、绿色食品认证的意义

经过 30 年的发展，绿色食品从概念到产品、从产品到产业、从产业到品牌、从局部发展到全国推进、从国内走向国际，总量规模持续扩大，品牌影响力持续提升，产业经济、社会和生态效益日益显现，成为我国安全优质农产品的精品品牌，为推动农业标准化生产、提高农产品质量水平，促进农业提质增效、农民增收脱贫，保护农业生态环境、推进农业绿色发展发挥了积极示范引领作用。

绿色食品发展契合当前国家生态文明建设、农业绿色发展、质量兴农、乡村产业振兴等时代发展主题，是满足人们对美好生活需求的重要支撑，是农业增效、农民增收的重要途径，具有广阔的发展前景，未来必将成为农业绿色发展的标杆，品牌农业发展的主流。开展中华鳖绿色食品认证，对于促进中华鳖生态养殖，创建优质农产品品牌，提高标准化养殖技术水平，提高鳖产品质量，提高养殖效益，促进乡村振兴具有重要意义。

二、绿色食品的概念

绿色食品指产自优良生态环境、按照绿色食品标准生产、实行全程质量控制并获得绿色食品标志使用权的安全、优质食用农产品及相关产品。绿色食品的概念充分体现了"从土地到餐桌"全程质量控制的基本要求和安全优质的本质特征。按照"从土地到餐桌"全程质量控制的技术路线，绿色食品创建了"环境有监测、生产有控制、产品有检验、包装有标识、证后有监管"的标准化生产模式，并建立了完善的绿色食品标准体系。

三、绿色食品标志

1990 年，绿色食品事业创建之初，开拓者们认为绿色食品应该有区别于普通食品的特殊标识，因此根据绿色食品的发展理念构思设计出了绿色食品标志图形（图 9−1）。该图形由三部分构成，太阳、蓓蕾和叶片，象征自然生态；颜色为绿色，代表着生命、农业、环保；图形为正圆形，意为保护。绿色食品标志图形描绘了一幅明媚阳光照耀下和谐生机的图画，意欲告诉人们绿色食品正是出自优良生态环境的安全、优质食品，同时还提醒人们要保护环境，通过改善人与自然的关系，创造自然界新的和谐。

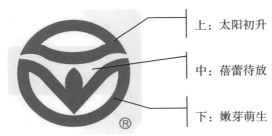

上：太阳初升

中：蓓蕾待放

下：嫩芽萌生

图 9−1　绿色食品标志

1991 年，绿色食品标志经原国家工商行政管理局核准注册。1996 年，绿色食品标志成功注册成为我国首例质量证明商标，受国家商标法的保护。

目前，中国绿色食品发展中心在原国家工商行政管理局注册的绿色食品图形、文字和英文以及组合等十种形式（图 9−2），包括标准字体、字形和图形用标准色都不能随意修改。绿色食品商标已在美国、俄罗斯、法国、澳大利亚、日本、韩国及中国香港等 11 个国家和地区成功注册。

图 9−2　绿色食品标志形式

第二节　中华鳖绿色食品的认证与管理

一、绿色食品认证与管理机构

中国绿色食品发展中心是绿色食品证明商标的注册人。根据《绿色食品标志管理办法》，中国绿色食品发展中心负责全国绿色食品标志使用申请的审查、颁证和颁证后跟踪检查工作。各地（省、区、市）成立了省级绿色食品工作机构，负责本行政区域内绿色食品标志使用申请的受理、初审、现场检查工作；地（市）、县级相关工作机构可受省级工作机构委托承担上述工作。

二、中华鳖绿色食品的申报

1. 中华鳖绿色食品认证的基本条件

①能够独立承担民事责任。如企业法人、农民专业合作社、个人独资企业、合伙企业、家庭农场等，国有农场、国有林场和兵团团场等生产单位。

②具有稳定的生产基地。

③具有绿色食品生产的环境条件和生产技术。

④具有完善的质量管理体系，并至少稳定运行 1 年。

⑤具有一定生产规模（湖泊水库 500 亩以上，池塘养殖 200 亩以上）。

⑥具有与生产规模相适应的生产技术人员和质量控制人员（且需具有一名绿色食品企业内部检查员）。

⑦申请前 3 年内无质量安全事故和不良诚信记录。

⑧与绿色食品工作机构或检测机构不存在利益关系。

⑨预包装食品需具有注册商标。

⑩符合相关绿色食品标准。

申报绿色食品必须要学习绿色食品标准，与绿色食品中华鳖产品相关的主要标准如下：

NY/T 391—2021《绿色食品　产地环境质量》

NY/T 471—2023《绿色食品　饲料及饲料添加剂使用准则》

NY/T 755—2022《绿色食品　渔药使用准则》

NY/T 658—2015《绿色食品　包装通用准则》

NY/T 1056—2021《绿色食品　贮藏运输准则》

NY/T 1050—2018《绿色食品　龟鳖类》

2. 申报材料的清单

①绿色食品标志使用申请书

②绿色食品水产品调查表

③相关资质证明材料（如营业执照、水产养殖许可证、内检员等）

④中华鳖绿色食品质量控制规范

⑤中华鳖苗种购买合同及证明

⑥中华鳖养殖基地来源及证明

⑦中华鳖养殖区域分布图

⑧中华鳖饲料来源及证明

⑨中华鳖养殖生产记录（仅续展申请人提供）

⑩中华鳖预包装食品标签设计样张（仅预包装产品提供）

⑪国家农产品质量安全追溯管理信息平台注册证明和湖南省农产品身份证管理平台注册证明

⑫中华鳖养殖环境质量检测报告、产品检验报告

⑬中国绿色食品发展中心规定的其他相关文件

3. 申报程序

（1）申请前准备

绿色食品企业内部检查员（以下简称内检员）为绿色食品标志许可的前置申报基本条件。申报前申请人需安排负责绿色食品生产和质量安全管理的专业技术人员或管理人员登陆"绿色食品内检员培训管理系统"（http://px.greenfood.org/login）参加绿色食品相关培训，并获得内检员注册资格。

①内检员资格条件：

遵纪守法，坚持原则，爱岗敬业。

具有大专以上相关专业学历或者具有2年以上农产品、食品生产、加工、经营经验，熟悉本企业的管理制度。

热爱绿色食品事业，熟悉农产品质量安全有关的国家法律、法规、政策、标准及行业规范；熟悉绿色食品质量管理和标志管理的相关规定。

应完成绿色食品相关培训，并经考试合格。

②内检员职责要求：

宣传贯彻绿色食品标准。

按照绿色食品标准和管理要求，落实绿色食品标准化生产，参与制定本企业绿色食品质量管理体系、生产技术规程，协调、指导、检查和监督企业内部绿色食品原料采购、基地建设、投入品使用、产品检验、标志使用、广告宣传等工作。

指导企业建立绿色食品生产、加工、运输和销售记录档案，配合各级绿色食品工作机构开展绿色食品现场检查和监督管理工作。

负责企业绿色食品相关数据及信息的汇总、统计、编制及与各级绿色食品工作机构的沟通工作。

承担本企业绿色食品证书和《绿色食品标志商标使用许可合同》的管理以及申报和续展工作。

组织开展绿色食品质量安全内部检查及改进工作；开展对企业内部员工有关绿色食品知识的培训。

③内检员培训要求：

绿色食品内检员采取课堂培训与网上培训相结合的培训制度。

首次注册的内检员必须参加课堂培训。注册的内检员每年需完成网上培训内容学习，并考试合格。

经过培训并考试合格的内检员由中国绿色食品发展中心统一注册并颁发《绿色食品企业内部检查员证书》。

（2）基本环节

申请使用绿色食品标志通常需要经过 8 个环节（图 9-3）：①申请人提出申请。②绿色食品工作机构受理审查。③检查员现场检查。④产地环境和产品检测。⑤省级工作机构初审。⑥中国绿色食品发展中心综合审查。⑦绿色食品专家评审。⑧发布颁证决定。

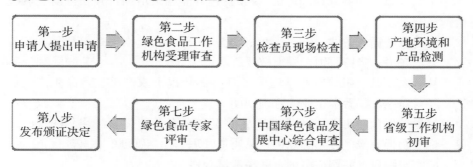

图 9-3　绿色食品标志申请许可流程图

第一步：申请人提出申请

工作时限：申请人至少在产品收获前 3 个月，向所在地绿色食品工作机构提出申请。

申请方式：登录"中国绿色食品发展中心"网站（http://www.green-food.org.cn），下载《绿色食品标志使用申请书》及相关调查表（图 9-4）。向省级绿色食品认证工作机构，或向省级绿色食品认证工作机构委托的市、县绿色食品认证工作机构提交申请。

图 9-4　绿色食品标志申请表下载网站

第二步：绿色食品工作机构受理审查

工作时限：绿色食品工作机构自收到申请材料之日起 10 个工作日内完成材料受理审查。

审查结果通知方式：绿色食品市级工作机构会重点审查申请人和申报产品条件及申请材料的完备性，向申请人发出《绿色食品申请受理通知书》，可能会有以下 3 种情况。

第一种情况，如材料审查合格，可以进入下一步程序，《绿色食品申请受理通知书》将告知申请人"材料审查合格，现正式受理你单位提交的申请。我单位将根据生产季节安排现场检查，具体检查时间和检查内容见《绿色食品现场检查通知书》"。

第二种情况，如申请材料不完备，仍需要尽快补充，《绿色食品申请受理通知书》将告知申请人"申请材料不完备，请你单位在收到本通知书＿个工作日内，补充以下材料……材料补充完备后，我单位将正式受理你单位提交的申请"。

第三种情况，如材料审查不合格，《绿色食品申请受理通知书》将告知申请人"材料审查不合格，本生产周期内不再受理你单位提交的申请"。

第三步：检查员现场检查

工作时限与执行方式：在材料审查合格后45个工作日内，绿色食品市级工作机构会组织至少两名检查员对申请人产地进行现场检查。

检查时间：申报产品生产期内。

检查环节：首次会议、实地检查、查阅文件记录、随机访问、总结会。

企业人员：现场检查时相关企业人员须在场，包括申报单位主要负责人、生产负责人、技术人员和企业内检员。

检查结果：形成《绿色食品现场检查报告》；绿色食品市级工作机构向申请人发出《现场检查意见通知书》。可能会有以下2种情况：一是现场检查合格，可以进入下一步环节，《现场检查意见通知书》将告知申请人"现场检查合格，请持本通知书委托绿色食品环境与产品检测机构实施检测工作"，同时将告知申请人需要进行环境检测的检测项目，以及产品检测的检测标准；二是现场检查不合格，《现场检查意见通知书》将告知申请人"现场检查不合格，本生产周期内不再受理你单位的申请"。

第四步：产地环境和产品检测

检测依据：申请人按照《绿色食品现场检查意见通知书》要求，委托检测机构对产地环境、产品进行检测和评价。

检测时限：环境检测自抽样之日起30个工作日内完成；产品检测自抽样之日起20个工作日内完成。

检测单位：中国绿色食品发展中心指定的检测机构。全国共有95家（2021年）绿色食品检测机构。

检测结果报送绿色食品省级工作机构和申请人。

检测要求：检测报告符合绿色食品标准要求。

第五步：省级工作机构初审

工作依据与工作时限：绿色食品省级工作机构自收到《绿色食品现场检查报告》《环境质量监测报告》和《产品检验报告》之日起20个工作日内完成初审。

初审内容要求：申报材料完备可信、现场检查报告真实规范、环境和产品检验报告合格有效。

初审合格报送中国绿色食品发展中心，同时完成网上报送。

第六步：中国绿色食品发展中心综合审查

工作时限：中国绿色食品发展中心自收到省级工作机构报送的申请材料之日起 30 个工作日内完成综合审查。

审查结果：提出审查意见，并通过省级工作机构向申请人发出《绿色食品审查意见通知书》，审查结果可能有 4 种情况：一是需要补充材料的，申请人应在《绿色食品审查意见通知书》规定时限内补充相关材料，逾期视为自动放弃申请；二是需要现场核查的，由中心委派检查组再次进行检查核实；三是审查不合格的，一般存在材料造假、违规使用投入品、产品质量不合格等严重问题，提交中心主任审批并发送《绿色食品标志许可审查通知书》；四是审查合格的，中国绿色食品发展中心将组织召开绿色食品专家评审会，进入专家评审。

第七步：绿色食品专家评审

召开专家评审会：中国绿色食品发展中心在完成综合审查的 20 个工作日内组织召开专家评审会。

第八步：发布颁证决定

做出颁证决定：专家评审意见是最终颁证与否的重要依据。中国绿色食品发展中心根据专家评审意见，在 5 个工作日内做出颁证决定。

做出颁证决定后，申请人须与中国绿色食品发展中心签订《绿色食品标志使用合同》，并领取绿色食品证书（图 9-5）。

图 9-5　绿色食品标志使用证书

三、绿色食品标志使用与监管

1. 标志使用

绿色食品证书有效期为三年，标志许可期满，需提前 3 个月办理续展手续，方可继续使用绿色食品标志。逾期未提出续展申请，或者申请续展未获通过的，不得继续使用绿色食品标志。

有下列情形，取消标志使用权，收回证书并予公告：

①生产环境不符合绿色食品环境质量标准的；

②产品质量不符合绿色食品产品质量标准的；

③年度检查不合格的；

④未遵守标志使用合同约定的；

⑤违反规定使用标志和证书的；

⑥以欺骗、贿赂等不正当手段取得标志使用的。

年检不合格，企业3年内不能申报绿色食品。产品抽检不合格，企业该产品3年内不再受理绿色产品认证。

2. 证后监管

绿色食品建立了一套包括企业年检、产品质量抽检、标志市场监察、质量安全预警和公告通报等五项的监督管理制度。

（1）企业年检

是指各地方绿色食品管理机构，主要是省级绿色管理办公室，组织对辖区内获得绿色食品标志使用权的企业在一个标志使用年度内的绿色食品生产经营活动、产品质量及标志使用行为实施的监督、检查、考核、评定等。

①检查企业的产品质量及控制体系状况；

②检查企业规范使用绿色食品标志情况；

③检查企业按规定缴纳标志使用费情况；

④内检员注册及履职情况；

⑤其他应检查的主要内容。

（2）产品质量抽检

①职责：中国绿色食品发展中心制订抽检计划，检测机构实施。

②原则：依据绿色食品标准，按照抽样计划，委托第三方机构抽检。

③要求：市场抽样为主；企业承担合同规定义务；可替代续展产品检测；复检、仲裁与处理，须5日内书面提出复检或仲裁申请；政府部门监督抽查安全指标不合格直接取消标志使用权。

（3）标志市场监察：对市场上绿色食品标志使用情况的监督检查。

①职责：中心作指导性计划，省级工作机构组织实施。

②原则：规范用标，打击假冒。

③要求：市场购买，定点监察；合理选样，节省为主；真假分开，区别处置；企业须 15 个工作日内提出复议申诉；连续两年违规用标将撤销标志使用权

（4）质量安全风险预警

①职责：分层预案，协同处置。

②原则：防范风险，消除隐患。

③要求：重点监控，兼顾一般；快速反应，长效监管；科学分析，分级预警。

（5）公告通报

①对于批准的或是注销的绿色食品标志都要进行公告和通报。

②对于质量检测不合格的产品或企业年检中达不到要求的，不仅要取消绿色食品的资格，也要取消产品的绿色食品标志使用权。

第三节　绿色食品中华鳖主要生产技术

一、产地环境要求

1. 产地生态环境基本要求

绿色食品生产应选择生态环境良好、无污染的地区，远离工矿区、公路铁路干线（避免噪声污染）和生活区，避开污染源。

产地应距离干线公路、铁路、生活区 500 m 以上，距离工矿企业 1 km 以上。

产地要远离污染源，配备切断有毒有害物进入产地的措施。

产地不应受外来污染威胁，产地上风向和灌溉水上游不应有排放有毒有害物质的工矿企业，水源应是深井水或水库等清洁水源，不应使用污水或塘水等被污染的地表水；种植中华鳖饲料的园地土壤不应是施用含有毒有害物质的工业废渣改良过土壤。

应建立生物栖息地，保护基因多样性、物种多样性和生态系统多样性，以维持生态平衡。

应保证产地具有可持续生产能力，不对环境或周边其他生物产生污染。

2. 隔离保护要求

绿色食品产地应与常规生产区保持一定距离，或在两者之间设立物理屏障，或利用地表水或山岭分割或其他方法，两者交界处应有明显可识别

的界标。

3. 产地环境质量通用要求

（1）空气质量要求

空气质量应符合表 9-1 要求。

表 9-1　空气质量要求（标准状态）

项目	指标		检验标准
	日平均[a]	1 小时[b]	
总悬浮颗粒物，mg/m³ ≤	0.30	—	GB/T 15432—1995
二氧化硫，mg/m³ ≤	0.15	0.50	HJ 482—2009
二氧化氮，mg/m³ ≤	0.08	0.20	HJ 479—2009
氟化物，μg/m³ ≤	7	20	HJ 955—2018
[a] 日平均指任何一日的平均指标。			
[b] 1 小时指任何一小时的指标。			

（2）水质要求

应符合表 9-2 要求。

表 9-2　渔业用水水质要求

项目	指标		检验标准
	淡水	海水	
色、臭、味	不应有异色、异臭、异味		GB/T 5750.4—2023
pH	6.5～9.0		HJ 1147—2020
生化需氧量（BOD_5），mg/L ≤	5	3	HJ 505—2009
总大肠菌群，MPN/100 mL ≤	500（贝类 50）		GB/T 5750.12—2023
总汞，mg/L ≤	0.0005	0.0002	HJ 694—2014
总镉，mg/L ≤	0.005		HJ 700—2014
总铅，mg/L ≤	0.05	0.005	HJ 700—2014
总铜，mg/L ≤	0.01		HJ 700—2014
总砷，mg/L ≤	0.05	0.03	HJ 694—2014
六价铬，mg/L ≤	0.1	0.01	GB/T 7467—1987
挥发酚，mg/L ≤	0.005		HJ 503—2009

续表

项目	指标		检验标准
	淡水	海水	
石油类，mg/L≤	0.05		HJ 970—2018
活性磷酸盐（以磷含量计），mg/L≤	—	0.03	GB/T 12763.4—2007
高锰酸钾指数，mg/L≤	6	—	GB/T 11892—1989
氨氮（NH₃—N），mg/L≤	1.0	—	HJ 536—2009
漂浮物质应满足水面不出现油膜或浮沫要求。			

（3）土壤环境质量要求

应符合表 9 - 3 要求。

表 9 - 3　土壤质量要求

单位：mg/kg

项目	水田			检验标准
	pH＜6.5	6.5≤pH≤7.5	pH＞7.5	NY/T 1377—2007
总镉含量≤	0.30	0.30	0.40	GB/T 17141—1997
总汞含量≤	0.30	0.40	0.40	GB/T 22105.1—2008
总砷含量≤	20	20	15	GB/T 22105.2—2008
总铅含量≤	50	50	50	GB/T 17141—1997
总铬含量≤	120	120	120	HJ 491—2019
总铜含量≤	50	60	60	HJ 491—2019

二、饲料及饲料添加剂使用准则

1. 使用原则

（1）安全优质原则

生产过程中，饲料和饲料添加剂的使用应对养殖动物机体健康无不良影响，所生产的动物产品安全、优质、营养，有利于消费者健康且无不良影响。

（2）绿色环保原则

绿色食品生产中所使用的饲料和饲料添加剂及其代谢产物，应对环境无不良影响，且在畜牧业、渔业产品及排泄物中存留量对环境也无不良影响，有利于生态环境保护和养殖业可持续健康发展。

（3）以天然饲料原料为主原则

提倡优先使用天然饲料原料、天然植物饲料添加剂、微生物制剂、酶制剂和有机微量元素，限制使用通过化学合成的饲料和饲料添加剂。

2. 基本要求

（1）饲料原料的产地环境应符合 NY/T 391—2021 的要求，植物源性饲料原料种植过程中肥料和农药的使用应符合 NY/T 394—2021 和 NY/T 393—2020 的要求，天然植物饲料原料应符合 GB/T 19424—2018 的要求。

（2）饲料和饲料添加剂，应是国务院农业农村主管部门公布的饲料原料目录、饲料添加剂品种目录中的品种；不在目录内的饲料原料和饲料添加剂应是国务院农业农村主管部门批准使用的品种，或是允许进口的饲料和饲料添加剂品种，且使用范围和用量应符合相关规定；国务院农业农村主管部门公布的不再允许使用的品种不得使用。

（3）使用的饲料原料、饲料添加剂、混合型饲料添加剂、配合饲料、浓缩饲料及添加剂预混合饲料应符合其产品质量标准的规定。

（4）根据养殖动物不同生理阶段和营养需求配制饲料，原料组成宜多样化，营养全面，各营养素间相互平衡，饲料的配制应当符合营养、健康、节约、环保的理念。

（5）保证草食动物每天都能得到满足其营养需要的粗饲料。在其日粮中，粗饲料、鲜草、青干草或青贮饲料等所占的比例不应低于 60%（以干物质计）；对于育肥期肉用畜和泌乳期的前 3 个月的乳用畜，此比例可降低为 50%（以干物质计）。

（6）购买的商品饲料，其原料来源和生产过程应符合本节内容的规定。

（7）绿色食品生产单位和饲料企业，应做好饲料及饲料添加剂的相关记录，确保可查证。

3. 卫生要求

饲料的卫生指标应符合 GB 13078—2017 的规定，饲料添加剂应符合相应卫生标准要求。

（1）使用规定

生产 AA 级绿色食品的饲料及饲料添加剂，除符合本章的卫生要求外，还应执行 GB/T 19630—2019 的相关规定。

（2）生产 A 级绿色食品的饲料原料

植物源性饲料原料，应是通过认定的绿色食品及其副产品；或来源于绿色食品原料标准化生产基地的产品及其副产品；或是按照绿色食品生产方式生产并经认定的原料基地生产的产品及其副产品。

动物源性饲料原料，应只使用乳及乳制品、鱼粉和其他海洋水产动物产品及副产品，其他动物源性饲料不可使用；鱼粉和其他海洋水产动物产品及副产品，应来自经国务院农业农村主管部门认可的产地或加工厂，并有证据证明符合规定要求，其中鱼粉应符合 GB/T 19164—2021 的规定。进口的鱼粉和其他海洋水产动物产品及副产品，应有国家检验检疫部门提供的相关证明和质量报告，并符合相关规定。

宜使用国务院农业农村主管部门公布的饲料原料目录中可饲用天然植物。

不应使用：

——畜禽及餐厨废弃物；

——畜禽屠宰场副产品及其加工产品；

——非蛋白氮；

——鱼及其他海洋水产动物产品及副产品（限反刍动物）。

（3）生产 A 级绿色食品的饲料添加剂、混合型饲料添加剂和添加剂预混合饲料

饲料添加剂、混合型饲料添加剂和添加剂预混合饲料，应选自取得生产许可证的厂家，并具符合规定的产品标准，且饲料添加剂应取得产品批准文号，混合型饲料添加剂和添加剂预混合饲料应按要求在农业农村主管部门指定的备案系统进行备案。进口饲料添加剂，应具有进口产品许可证及质量标准和检验方法，并经出入境部门检验检疫合格。

饲料添加剂的使用，应根据养殖动物的营养需求，按照中华人民共和国农业农村部第 2625 号公告的推荐量合理添加和使用，严防对环境造成污染。

不应使用制药工业副产品（包括生产抗生素、抗寄生虫药、激素等药物的残渣）。

饲料添加剂的使用，应按照表 9-4、表 9-5、表 9-6、表 9-7、表 9-8、表 9-9、表 9-10、表 9-11 的规定；添加剂中来源于动物蹄角及毛发生产的氨基酸不可使用。

矿物质饲料添加剂中应有不少于 60% 的种类来源于天然矿物质饲料或有机微量元素产品。

微生物发酵产物来源的饲料添加剂，应符合表 9-7 的规定。

4. 加工、包装、储存和运输

饲料加工厂房内应有足够的加工场地和充足的光照，以保证生产正常运转，并留有对设备进行日常维修和清理的通道及进出口。

生产绿色食品的饲料和饲料添加剂，应有专门的加工生产车间、专车运输、专库储存、专人管理、专门台账，避免批次之间发生交叉污染。

原料或成品存放地、生产车间、包装车间等场所的地面应具有良好的防潮性能，并实时进行日常保洁，确保地面无残存废水、垃圾、废弃物及杂乱的设备等。

包装应符合 NY/T 658—2015 的规定要求。

储存和运输应符合 NY/T 1056—2021 的规定要求。

表 9-4 所列出的矿物质饲料添加剂可用于 A 级绿色食品畜牧业、渔业的养殖。

表 9-4　生产 A 级绿色食品允许使用的矿物质饲料添加剂种类

类别	通用名称	适用范围
矿物元素及其络（螯）合物	氯化钠、硫酸钠、磷酸二氢钠、磷酸氢二钠、磷酸二氢钾、磷酸氢二钾、轻质碳酸钙、氯化钙、磷酸氢钙、磷酸二氢钙、磷酸三钙、乳酸钙、葡萄糖酸钙、硫酸镁、氧化镁、氯化镁、柠檬酸亚铁、富马酸亚铁、乳酸亚铁、硫酸亚铁、氯化亚铁、氯化铁、碳酸亚铁、氯化铜、硫酸铜、碱式氯化铜、氧化锌、氯化锌、碳酸锌、硫酸锌、乙酸锌、碱式氯化锌、氯化锰、氧化锰、硫酸锰、碳酸锰、磷酸氢锰、碘化钾、碘化钠、碘酸钾、碘酸钙、氯化钴、乙酸钴、硫酸钴、亚硒酸钠、钼酸钠、蛋氨酸铜络（螯）合物、蛋氨酸铁络（螯）合物、蛋氨酸锰络（螯）合物、蛋氨酸锌络（螯）合物、赖氨酸铜络（螯）合物、赖氨酸锌络（螯）合物、甘氨酸铜络（螯）合物、甘氨酸铁络（螯）合物、酵母铜、酵母铁、酵母锰、酵母硒、氨基酸铜络合物（氨基酸来源于水解植物蛋白）、氨基酸铁络合物（氨基酸来源于水解植物蛋白）、氨基酸锰络合物（氨基酸来源于水解植物蛋白）、氨基酸锌络合物（氨基酸来源于水解植物蛋白）、氨基酸锌络合物（氨基酸为 L-赖氨酸和谷氨酸）	养殖动物
	蛋白铜、蛋白铁、蛋白锌、蛋白锰	养殖动物（反刍动物除外）

续表

类别	通用名称	适用范围
矿物元素及其络（螯）合物	羟基蛋氨酸类似物络（螯）合锌、羟基蛋氨酸类似物络（螯）合锰、羟基蛋氨酸类似物络（螯）合铜	奶牛、肉牛、家禽和猪
	L-硒代蛋氨酸	断奶仔猪、产蛋鸡
	烟酸铬、酵母铬、蛋氨酸铬、吡啶甲酸铬	猪
	丙酸铬	猪、肉仔鸡
	甘氨酸锌	猪
	丙酸锌	猪、牛和家禽
	硫酸钾、三氧化二铁、氧化铜	反刍动物
	碳酸钴	反刍动物
	乳酸锌（α-羟基丙酸锌）	生长育肥猪、家禽
	苏氨酸锌螯合物	猪
	碱式氯化锰	肉仔鸡

注：所列物质包括无水和结晶水形态。

表9-5所列出的维生素可用于A级绿色食品畜牧业、渔业的养殖。

表9-5　生产A级绿色食品允许使用的维生素种类

类别	通用名称	适用范围
维生素及类维生素	维生素A、维生素A乙酸酯、维生素A棕榈酸酯、β-胡萝卜素、盐酸硫胺（维生素 B_1）、硝酸硫胺（维生素 B_1）、核黄素（维生素 B_2）、盐酸吡哆醇（维生素 B_6）、氰钴胺（维生素 B_{12}）、L-抗坏血酸（维生素C）、L-抗坏血酸钙、L-抗坏血酸钠、L-抗坏血酸-2-磷酸酯、L-抗坏血酸-6-棕榈酸酯、维生素 D_2、维生素 D_3、天然维生素E、dl-α-生育酚、dl-α-生育酚乙酸酯、亚硫酸氢钠甲萘醌（维生素 K_3）、二甲基嘧啶醇亚硫酸甲萘醌、亚硫酸氢烟酰胺甲萘醌、烟酸、烟酰胺、D-泛醇、D-泛酸钙、DL-泛酸钙、叶酸、D-生物素、氯化胆碱、肌醇、L-肉碱、L-肉碱盐酸盐、甜菜碱、甜菜碱盐酸盐	养殖动物
	25-羟基胆钙化醇（25-羟基维生素 D_3）	猪、家禽

表 9-6 所列出的氨基酸可用于 A 级绿色食品畜牧业、渔业的养殖。

表 9-6　生产 A 级绿色食品允许使用的氨基酸种类

类别	通用名称	适用范围
氨基酸、氨基酸盐及其类似物	L-赖氨酸、液体 L-赖氨酸（L-赖氨酸含量不低于 50%）、L-赖氨酸盐酸盐、L-赖氨酸硫酸盐及其发酵副产物（产自谷氨酸棒杆菌、乳糖发酵短杆菌，L-赖氨酸含量不低于 51%）、DL-蛋氨酸、L-苏氨酸、L-色氨酸、L-精氨酸、L-精氨酸盐酸盐、甘氨酸、L-酪氨酸、L-丙氨酸、天（门）冬氨酸、L-亮氨酸、异亮氨酸、L-脯氨酸、苯丙氨酸、丝氨酸、L-半胱氨酸、L-组氨酸、谷氨酸、谷氨酰胺、缬氨酸、胱氨酸、牛磺酸	养殖动物
	半胱胺盐酸盐	畜禽
	蛋氨酸羟基类似物、蛋氨酸羟基类似物钙盐	猪、鸡、鸭、牛和水产养殖动物
	N-羟甲基蛋氨酸钙、蛋氨酸羟基类似物异丙酯	反刍动物
	α-环丙氨酸	鸡

表 9-7 所列出的酶制剂、微生物、多糖和寡糖可用于 A 级绿色食品畜牧业、渔业的养殖。

表 9-7　生产 A 级绿色食品允许使用的酶制剂、微生物、多糖和寡糖的种类

类别	通用名称	适用范围
酶制剂	淀粉酶（产自黑曲霉、解淀粉芽孢杆菌、地衣芽孢杆菌、枯草芽孢杆菌、长柄木霉、米曲霉、大麦芽、酸解支链淀粉芽孢杆菌）	青贮玉米、玉米、玉米蛋白粉、豆粕、小麦、次粉、大麦、高粱、燕麦、豌豆、木薯、小米、大米
	α-半乳糖苷酶（产自黑曲霉）	豆粕
	纤维素酶（产自长柄木霉、黑曲霉、孤独腐质霉、绳状青霉）	玉米、大麦、小麦、麦麸、黑麦、高粱
	β-葡聚糖酶（产自黑曲霉、枯草芽孢杆菌、长柄木霉、绳状青霉、解淀粉芽孢杆菌、棘孢曲霉）	小麦、大麦、菜籽粕、小麦副产物、去壳燕麦、黑麦、黑小麦、高粱
	葡萄糖氧化酶（产自特异青霉、黑曲霉）	葡萄糖
	脂肪酶（产自黑曲霉、米曲霉）	动物或植物源性油脂或脂肪

续表

类别	通用名称	适用范围
酶制剂	麦芽糖酶（产自枯草芽孢杆菌）	麦芽糖
	β-甘露聚糖酶（产自迟缓芽孢杆菌、黑曲霉、长柄木霉）	玉米、豆粕、椰子粕
	果胶酶（产自黑曲霉、棘孢曲霉）	玉米、小麦
	植酸酶（产自黑曲霉、米曲霉、长柄木霉、毕赤酵母）	玉米、豆粕等含有植酸的植物籽实及其加工副产品类饲料原料
	蛋白酶（产自黑曲霉、米曲霉、枯草芽孢杆菌、长柄木霉）	植物和动物蛋白
	角蛋白酶（产自地衣芽孢杆菌）	植物和动物蛋白
	木聚糖酶（产自米曲霉、孤独腐质霉、长柄木霉、枯草芽孢杆菌、绳状青霉、黑曲霉、毕赤酵母）	玉米、大麦、黑麦、小麦、高粱、黑小麦、燕麦
	饲用黄曲霉毒素 B_1 分解酶（产自发光假蜜环菌）	肉鸡、仔猪
	溶菌酶	仔猪、肉鸡
微生物	地衣芽孢杆菌、枯草芽孢杆菌、两歧双歧杆菌、粪肠球菌、屎肠球菌、乳酸肠球菌、嗜酸乳杆菌、干酪乳杆菌、德式乳杆菌乳酸亚种（原名：乳酸乳杆菌）、植物乳杆菌、乳酸片球菌、戊糖片球菌、产朊假丝酵母、酿酒酵母、沼泽红假单胞菌、婴儿双歧杆菌、长双歧杆菌、短双歧杆菌、青春双歧杆菌、嗜热链球菌、罗伊氏乳杆菌、动物双歧杆菌、黑曲霉、米曲霉、迟缓芽孢杆菌、短小芽孢杆菌、纤维二糖乳杆菌、发酵乳杆菌、德氏乳杆菌保加利亚亚种（原名：保加利亚乳杆菌）	养殖动物
	产丙酸丙酸杆菌、布氏乳杆菌	青贮饲料、牛饲料
	副干酪乳杆菌	青贮饲料

续表

类别	通用名称	适用范围
微生物	凝结芽孢杆菌	肉鸡、生长育肥猪和水产养殖动物
	侧孢短芽孢杆菌（原名：侧孢芽孢杆菌）	肉鸡、肉鸭、猪、虾
	丁酸梭菌	断奶仔猪、肉仔鸡
多糖和寡糖	低聚木糖（木寡糖）	鸡、猪、水产养殖动物
	低聚壳聚糖	猪、鸡和水产养殖动物
	半乳甘露寡糖	猪、肉鸡、兔和水产养殖动物
	果寡糖、甘露寡糖、低聚半乳糖	养殖动物
	壳寡糖（寡聚 β-（1-4）-2-氨基-2-脱氧-D-葡萄糖）（n=2～10）	猪、鸡、肉鸭、虹鳟鱼
	β-1，3-D-葡聚糖（源自酿酒酵母）	水产养殖动物
	N，O-羧甲基壳聚糖	猪、鸡
	低聚异麦芽糖	蛋鸡、断奶仔猪
	褐藻酸寡糖	肉鸡、蛋鸡

注1：酶制剂的适用范围为典型底物，仅作为推荐，并不包括所有可用底物；
注2：目录中所列长柄木霉亦可称为长枝木霉或李氏木霉。

表9-8所列出的抗氧化剂可用于A级绿色食品畜牧业、渔业的养殖。

表9-8　生产A级绿色食品允许使用的抗氧化剂种类

类别	通用名称	适用范围
抗氧化剂	乙氧基喹啉、丁基羟基茴香醚（BHA）、二丁基羟基甲苯（BHT）、没食子酸丙酯、特丁基对苯二酚（TBHQ）、茶多酚、维生素E、L-抗坏血酸-6-棕榈酸酯、L-抗坏血酸钠	养殖动物
	姜黄素	淡水鱼类

表9-9所列出的防腐剂、防霉剂和酸度调节剂可用于A级绿色食品畜牧业、渔业的养殖。

表 9 - 9　生产 A 级绿色食品允许使用的防腐剂、防霉剂和酸度调节剂

类别	通用名称	适用范围
防腐剂、防霉剂和酸度调节剂	甲酸、甲酸铵、甲酸钙、乙酸、双乙酸钠、丙酸、丙酸铵、丙酸钠、丙酸钙、丁酸、丁酸钠、乳酸、山梨酸、山梨酸钠、山梨酸钾、富马酸、柠檬酸、柠檬酸钾、柠檬酸钠、柠檬酸钙、酒石酸、苹果酸、磷酸、氢氧化钠、碳酸氢钠、氯化钾、碳酸钠	养殖动物
	乙酸钙	畜禽
	二甲酸钾	猪
	氯化铵	反刍动物
	亚硫酸钠	青贮饲料

表 9 - 10 所列出的黏结剂、抗结块剂、稳定剂和乳化剂可用于 A 级绿色食品畜牧业、渔业的养殖。

表 9 - 10　生产 A 级绿色食品允许使用的黏结剂、抗结块剂、稳定剂和乳化剂

类别	通用名称	适用范围
黏结剂、抗结块剂、稳定剂和乳化剂	α-淀粉、三氧化二铝、可食脂肪酸钙盐、可食用脂肪酸单/双甘油酯、硅酸钙、硅铝酸钠、硫酸钙、硬脂酸钙、甘油脂肪酸酯、聚丙烯酸树脂Ⅱ、山梨醇酐单硬脂酸酯、丙二醇、二氧化硅（沉淀并经干燥的硅酸）、卵磷脂、海藻酸钠、海藻酸钾、海藻酸铵、琼脂、瓜尔胶、阿拉伯树胶、黄原胶、甘露糖醇、木质素磺酸盐、羧甲基纤维素钠、聚丙烯酸钠、山梨醇酐脂肪酸酯、蔗糖脂肪酸酯、焦磷酸二钠、单硬脂酸甘油酯、聚乙二醇 400、磷脂、聚乙二醇甘油蓖麻酸酯、辛烯基琥珀酸淀粉钠、乙基纤维素、聚乙烯醇、紫胶、羟丙基甲基纤维素	养殖动物
	丙三醇	猪、鸡和鱼
	硬脂酸	猪、牛和家禽

表 9 - 11 所列出的饲料添加剂亦可用于 A 级绿色食品畜牧业、渔业的养殖。

表 9-11 生产 A 级绿色食品允许使用的其他类饲料添加剂

类别	通用名称	适用范围
其他	天然类固醇萨洒皂角苷（源自丝兰）、天然三萜烯皂角苷（源自可来雅皂角树）、二十二碳六烯酸（DHA）	养殖动物
	糖萜素（源自山茶籽饼）	猪和家禽
	乙酰氧肟酸	反刍动物
	苜蓿提取物（有效成分为苜蓿多糖、苜蓿黄酮、苜蓿皂苷）	仔猪、生长育肥猪、肉鸡
	杜仲叶提取物（有效成分为绿原酸、杜仲多糖、杜仲黄酮）	生长育肥猪、鱼、虾
	淫羊藿提取物（有效成分为淫羊藿苷）	鸡、猪、绵羊、奶牛
	共轭亚油酸	仔猪、蛋鸡
	4,7-二羟基异黄酮（大豆黄酮）	猪、产蛋家禽
	地顶孢霉培养物	猪、鸡、泌乳奶牛
	紫苏籽提取物（有效成分为 α-亚油酸、亚麻酸、黄酮）	猪、肉鸡和鱼
	植物甾醇（源于大豆油/菜籽油，有效成分为 β-谷甾醇、菜油甾醇、豆甾醇）	家禽、生长育肥猪
	藤茶黄酮	鸡
	植物炭黑	养殖动物
	胆汁酸	产蛋鸡、肉仔鸡、断奶仔猪、淡水鱼
	水飞蓟宾	淡水鱼
	吡咯并喹啉醌二钠	肉仔鸡
	鞣酸蛋白	断奶仔猪
	三丁酸甘油酯	肉仔鸡
	槲皮万寿菊素	肉仔鸡
	枯草三十七肽	肉鸡
	腺苷七肽	断奶仔猪

三、渔药使用准则

渔病采取经常加注新水、定期水体消毒、投喂新鲜饲料等措施预防，发病后及时用药防治，渔药使用应符合 NY/T 755—2022 的规定。

1. 渔药使用的基本原则

水产品生产环境质量应符合 NY/T 391—2021 的要求。生产者应按农业农村部《水产养殖质量安全管理规定》实施健康养殖。采取各种措施避免应激、增强水产养殖动物自身的抗病力，减少疾病的发生。

按《中华人民共和国动物防疫法》的规定，加强水产养殖动物疾病的预防，在养殖生产过程中尽量不用或者少用药物。确需使用渔药时，应选择高效、低毒、低残留的渔药，应保证水资源和相关生物不遭受损害，保护生物循环和生物多样性，保障生产水域质量稳定。在水产动物病害控制过程中，应在水生动物类执业兽医的指导下用药。停药期应满足农业部公告第 278 号规定、《中华人民共和国兽药典兽药使用指南　化学药品卷》（2010 版）的规定。

所用渔药应符合农业部农村 1435 号、1506 号、1759 号公告，应来自取得生产许可证和产品批号文号的生产企业，或者取得《进口兽药登记许可证》的供应商。

用于预防或治疗疾病的渔药应符合农业农村部《中华人民共和国兽药典》《兽药质量标准》《兽用生物制品质量标准》和《进口兽药质量标准》等有关规定。

2. 生产 A 级绿色食品水产品的渔药使用规定

优先选用 GB/T 19630.1—2011 规定的渔药。

A 级绿色食品生产允许使用的中药成方制剂和单方制剂渔药清单见表 9 - 12 所示。

A 级绿色食品生产允许使用的化学渔药清单见表 9 - 13、表 9 - 14 所示。

所有使用的渔药应来自具有生产许可证和产品批准文号的生产企业，或者具有《进口兽药登记许可证》的供应商。

不应使用农业农村部公告第 176 号、193 号、235 号、560 号和 1519 号公告中规定的渔药。

不应使用药物饲料添加剂。

不应为了促进养殖水产动物生长而使用抗菌药物、激素或其他生长促进剂。

不应使用通过基因工程技术生产的渔药。

渔药的使用应建立用药记录。用药记录应满足健康养殖的记录要求。

出入库记录应建立渔药入库、出库登记制度，应记录药物的商品名称、通用名称、主要成分、批号、有效期、贮存条件等。

建立并保存消毒记录，包括消毒剂种类、批号、生产单位、剂量、消毒方式、消毒频率或时间等。建立并保存水产动物的免疫程序记录，包括疫苗种类、使用方法、剂量、批号、生产单位等。建立并保存患病水产动物的治疗记录，包括水产动物标志、发病时间及症状、药物种类、使用方法及剂量、治疗时间、疗程、停药时间、所用药物的商品名称及主要成分、生产单位及批号等。

所有记录资料应在产品上市后保存两年以上。

表 9 - 12 A级绿色食品生产允许使用的中药成方制剂和单方制剂渔药清单

名称	备注
七味板蓝根散	清热解毒，益气固表。主治鳖白底板病，鳃腺炎
三黄散（水产用）	清热解毒。主治细菌性败血症、烂鳃、肠炎和赤皮
大黄五倍子散	清热解毒，收湿敛疮。主治细菌性肠炎、烂鳃、烂肢、疖疮与腐皮病
大黄末（水产用）	健胃消食，泻热通肠，凉血解毒，破积行瘀。主治细菌性烂鳃，赤皮病，腐皮和烂尾病
大黄解毒散	清热燥湿，杀虫。主治败血症
山青五黄散	清热泻火、理气活血。主治细菌性烂鳃、肠炎、赤皮和败血症
川楝陈皮散	驱虫，消食。主治绦虫病、线虫病
五倍子末	敛疮止血。主治水产养殖动物水霉病、鳃霉病
六味黄龙散	清热燥湿，健脾理气。预防虾白斑综合征
双黄白头翁散	清热解毒、凉血止痢。主治细菌性肠炎
双黄苦参散	清热解毒。主治细菌性肠炎，烂鳃与赤皮
石知散（水产用）	泻火解毒，清热凉血。主治鱼细菌性败血症病
龙胆泻肝散（水产用）	泻肝胆实火，清三焦湿热。主要用于治疗鱼类、虾、蟹等水产动物的脂肪肝、肝中毒、急性或亚急性肝坏死及胆囊肿大、胆汁变色等病症
地锦草末	清热解毒，凉血止血。防治由弧菌、气单胞菌等引起鱼肠炎、败血症等细菌性疾病

续表

名称	备注
地锦鹤草散	清热解毒，止血止痢。主治烂鳃、赤皮、肠炎、白头白嘴等细菌性疾病
百部贯众散	杀虫，止血。主治黏孢子虫病
肝胆利康散	清肝利胆。主治肝胆综合征
驱虫散（水产用）	驱虫。辅助性用于寄生虫的驱除
板蓝根大黄散	清热解毒。主治鱼类细菌性败血症、细菌性肠炎
芪参散	扶正固本。用于增强水产动物的免疫功能，提高抗应激能力
苍术香连散（水产用）	清热燥湿。主治细菌性肠炎
虎黄合剂	清热，解毒，杀虫。主治嗜水气单胞菌感染
连翘解毒散	清热解毒，祛风除湿。主治黄鳝、鳗鲡发狂病
青板黄柏散	清热解毒。主治细菌性败血症、肠炎、烂鳃、竖鳞与腐皮
青连白贯散	清热解毒，凉血止血。主治细菌性败血症、肠炎、赤皮病、打印病与烂尾病
青连散	清热解毒。主治细菌感染引起的肠炎、出血与败血症
穿梅三黄散	清热解毒。主治细菌性败血症，肠炎，烂鳃与赤皮病
苦参末	清热燥湿，驱虫杀虫。主治鱼类车轮虫、指环虫、三代虫病等寄生虫病以及细菌性肠炎、出血性败血症
虾蟹脱壳促长散	促脱壳，促生长。用于虾、蟹脱壳迟缓
柴黄益肝散	清热解毒，保肝利胆。主治鱼肝肿大、肝出血和脂肪肝
根连解毒散	清热解毒，扶正健脾，理气化食。主治细菌性败血症、赤皮和肠炎
清热散（水产用）	清热解毒，凉血消斑。主治鱼病毒性出血病
清健散	清热解毒，益气健胃。主治细菌性肠炎
银翘板蓝根散	清热解毒。主治对虾白斑病，河蟹颤抖病
黄连解毒散（水产用）	泻火解毒。用于鱼类细菌性、病毒性疾病的辅助性防治
雷丸槟榔散	驱杀虫。主治车轮虫病和锚头鳋病
蒲甘散	清热解毒。主治细菌感引起的性败血症、肠炎、烂鳃、竖鳞与腐皮

注：新研制且国家批准用于水产养殖的中草药及其成药制剂渔药适用于本清单。

表 9 - 13　A 级绿色食品生产允许使用的化学渔药清单

类别	名称	备注
渔用环境改良剂	过氧化氢溶液（水产用）	增氧剂。用于增加水体溶解氧
	过碳酸钠（水产用）	水质改良剂。用于缓解和解除鱼、虾、蟹等水产养殖动物因缺氧引起的浮头和泛塘
渔用抗寄生虫药	地克珠利预混剂（水产用）	抗原虫药。用于防治鲤科鱼类黏孢子虫、碘泡虫、尾孢虫、四极虫、单极虫等孢子虫病
	阿苯达唑粉（水产用）	抗蠕虫药。主要用于治疗海水养殖鱼类由双鳞盘吸虫、贝尼登虫引起的寄生虫病，淡水养殖鱼类由指环虫、三代虫等引起的寄生虫病
	硫酸锌三氯异氰尿酸粉（水产用）	杀虫药。用于杀灭或驱除河蟹、虾类等水产养殖动物的固着类纤毛虫
	硫酸锌粉（水产用）	杀虫剂。用于杀灭或驱除河蟹、虾类等水产养殖动物的固着类纤毛虫
渔用抗微生物药	氟苯尼考注射液	酰胺醇类抗生素。用于巴氏杆菌和大肠埃希菌感染
	氟苯尼考粉	酰胺醇类抗生素。用于巴氏杆菌和大肠埃希菌感染
	盐酸多西环素粉（水产用）	四环素类抗生素。用于治疗鱼类由弧菌、嗜水气单胞菌、爱德华氏菌等引起的细菌性疾病
	硫酸新霉素粉（水产用）	氨基糖苷类抗生素。用于治疗鱼、虾、河蟹等水产动物由气单胞菌、爱德华氏菌及弧菌等引起的肠道疾病
渔用生理调节剂	亚硫酸氢钠甲萘醌粉（水产用）	维生素类药。用于辅助治疗鱼、鳗、鳖等水产养殖动物的出血、败血症
	注射用复方绒促性素 A 型（水产用）	激素类药。用于鲢、鳙亲鱼的催产
	注射用复方绒促性素 B 型（水产用）	用于鲢、鳙亲鱼的催产
	维生素 C 钠粉（水产用）	维生素类药。用于预防和治疗水产动物的维生素 C 缺乏症

续表

类别	名称	备注
渔用消毒剂	次氯酸钠溶液（水产用）	消毒药。用于养殖水体的消毒。防治鱼、虾、蟹等水产养殖动物由细菌性感染引起的出血、烂鳃、腹水、肠炎、疖疮、腐皮等疾病
	含氯石灰（水产用）	消毒药。用于水体的消毒，防治水产养殖动物由弧菌、嗜水气单胞菌、爱德华氏菌等引起的细菌性疾病
	蛋氨酸碘溶液	消毒药。用于对虾白斑综合征。水体、对虾和鱼类体表消毒
	聚维酮碘溶液（水产用）	消毒防腐药。用于养殖水体的消毒。防治水产养殖动物由弧菌、嗜水气单胞菌、爱德华氏菌等引起的细菌性疾病

注：国家新禁用或列入限用的渔药自动从该清单中删除。

A级绿色食品生产允许使用的渔用疫苗清单。

表9-14 A级绿色食品生产允许使用的渔用疫苗清单

名称	备注
大菱鲆迟钝爱德华氏菌活疫苗（EIBAV1株）	预防由迟钝爱德华氏菌引起的大菱鲆腹水病，免疫期为3个月
牙鲆鱼溶藻弧菌、鳗弧菌、迟缓爱德华病多联抗独特型抗体疫苗	预防牙鲆鱼溶藻弧菌、鳗弧菌、迟缓爱德华病。免疫期为5个月
鱼虹彩病毒病灭活疫苗	预防真鲷、鲫鱼属、拟鲹的虹彩病毒病
草鱼出血病灭活疫苗	预防草鱼出血病。免疫期12个月
草鱼出血病活疫苗（GCHV-892株）	预防草鱼出血病
嗜水气单胞菌败血症灭活疫苗	预防淡水鱼类特别是鲤科鱼的嗜水气单胞菌败血症，免疫期为6个月

注：国家新禁用或列入限用的渔药自动从该清单中删除。

四、绿色食品中华鳖质量要求

感官指标产品质量应符合NY/T 1050—2018《绿色食品龟鳖类》标准规定。

1. 感官

感观指标应符合表 9 - 15 的规定。

表 9 - 15　感官指标

项目	指标		检验方法
	鳖	龟	
外观	体表完整无损，裙边宽而厚，体质健壮，爬行、游泳动作自如、敏捷，同品种、同规格的鳖，个体均匀、体表清洁	体表完整无损，体质健壮，爬行、游泳动作自如、敏捷，同品种、同规格的龟，个体均匀、体表清洁	在光线充足、无异味环境、能保证龟鳖正常活动的温度条件下进行。将鳖腹部朝上，背部朝下放置于白瓷盘中，数秒钟内立即翻正，视为体质健壮，否则体质弱；用手拉龟鳖的后腿，有力回缩的视为体质健壮，否则体质弱；将龟鳖头和颈部拉出背甲外，能迅速缩回甲内的视为体质健壮；若颈部粗大，不易缩回甲内的为病龟鳖；用手轻压腹甲，腹部皮肤向外膨胀的为浮肿龟鳖或脂肪肝病龟鳖
色泽	保持活体状态固有体色		
气味	本品应有的气味，无异味		
组织	肌肉紧密、有弹性		

2. 污染物限量、农药残留限量和渔药残留限量

污染物、农药残留和渔药残留限量应符合相关食品安全国家标准及相关规定，同时符合表 9 - 16 的规定。

表 9 - 16　污染物、农药残留和渔药残留限量

序号	项目	指标	检验标准
1	敌百虫，mg/kg	不得检出（<0.002）	SN/T 0125—2010
2	土霉素、金霉素、四环素（以总量计），mg/kg	不得检出（<0.1）	SC/T 3015—2011
3	磺胺类药物（以总量计），μg/kg	不得检出（<0.5）	农业农村部 1025 号公告—23—2008
4	噁喹酸，μg/kg	不得检出（<1）	GB/T 23198—2008
5	甲基汞，mg/kg	≤0.5	GB 5009.17—2014
6	无机砷（以 As 计），mg/kg	≤0.5	GB 5009.11—2014
7	铅（以 Pb 计），mg/kg	≤0.5	GB 5009.12—2010
8	镉（以 Cd 计），mg/kg	≤0.1	GB 5009.15—2014
9	铬（以 Cr 计），mg/kg	≤2.0	GB 5009.123—2014

续表

序号	项目	指标	检验标准
10	多氯联苯ᵃ，mg/kg	≤0.5	GB 5009.190—2014
11	硝基呋喃类代谢物ᵇ，μg/kg	不得检出（<0.25）	农业农村部 783 号公告—1—2006
12	氯霉素，μg/kg	不得检出（<0.1）	GB/T 20756—2006
13	己烯雌酚，μg/kg	不得检出（<0.6）	农业农村部 1163 号公告—9—2009
14	孔雀石绿，μg/kg	不得检出（<0.5）	GB/T 20361—2006

ᵃ以 PCB28、PCB52、PCB101、PCB118、PCB138、PCB153 和 PCB180 总和计。
ᵇ以 AOZ、AMOZ、SEM 和 AHD 计。

3. 标签

标签应符合 GB 7718—2004 的规定。

（1）包装

包装应符合 NY/T 658—2015 的规定。包装容器应具有良好的排水、透气条件，箱内垫充物应清洗、消毒、无污染。

（2）运输

运输应符合 NY/T 1056—2021 的规定。活的龟鳖运输应用冷藏车或其他有降温装置的运输设备。运输途中，应有专人管理，随时检查运输包装情况，观察温度和水草（垫充物）的湿润程度，以保持龟鳖皮肤湿润。淋水的水质应符合 NY/T 391—2021 的规定。

（3）贮存

贮存应符合 NY/T 1056—2021 的规定。活的龟鳖可在洁净、无毒、无异味的水泥池、水族箱等水体中暂养，暂养用水应符合 NY/T 391—2021 的规定。贮运过程中应严防蚊子叮咬、暴晒。

第十章　中华鳖生态高效养殖实例

第一节　湘阴县鱼鳖混养实例

一、养殖实例基本情况

湘阴县是全国渔业百强县、全国商品鱼基地县，全县共有池塘养殖面积25万亩，水域资源丰富，区位优势明显，但特色水产优势不明显，水产业大而不强，渔民的经营理念和创新意识不强。水产养殖品种常规鱼约占70%，且常规鱼一味追求高产而达不到高效，高密度养殖使病害发生率高、用药频繁，对水产品品质产生一定影响。池塘鱼与中华鳖混养健康养殖模式充分利用池塘水体空间，降低放养密度，减少污染源；通过鳖捕食池塘中病、死鱼，减少病害传播，降低药物使用；鳖捕食残饵、螺等改善水体环境；种植水生植物，营造生态环境，是实现生态高效、调整养殖结构的一种中华鳖仿生态健康高效养殖模式，是助力湘阴县委县政府乡村振兴"十大引领性工程"特色水产产业培育工程快速实施的新型养殖模式，对推进生态文明建设，推进农业高质量发展，满足人民对美好生活的需求具有十分重要意义。

湘阴县在全县5个镇有鱼鳖池塘混养健康养殖，分别为岭北镇伏家村渔场——鼻湖渔场、新泉镇来仪湖渔场、鹤龙湖镇特种场——新村村渔场与浩河渔场、湘滨镇和平渔场。据水产部门统计，2021年鱼鳖混养面积达30000亩以上。养殖模式分别为：湘云鲫（鲤）-草鱼-鳖（模式1）、湘云鲫（鲤）-青鱼-鳖（模式2）两种模式，养殖效果明显，模式1相对比模式2亩产量高20～30 kg，但模式2青鱼价格高于草鱼，扣除饲料差价，模式2比模式1每亩效益高80～100元。

二、放养模式与收获情况

1. 池塘准备

池塘面积 5～20 亩，水深 1.5～1.8 m，池底淤泥 25 cm 左右。在池塘四周建防逃设施，使用材料有水泥板、瓷砖等，规格为 80 cm×80 cm，20 cm 埋入田埂，60 cm 露出地面，呈 45°向池内倾斜。还需在池中设置马鞍形中华鳖晒背台，一般 1～2 亩设置 1 个，晒背台还可兼做鳖的食台。

2. 合理放养

（1）苗种来源

常规鱼种由养殖户鱼种池培育，幼鳖从沅江、常德、益阳和本地孵化场购进。

（2）放养时间

放养鱼种和幼鳖不宜在冬季和盛夏投放，以免影响成活率，一般选择在 4—5 月的晴天上午进行放苗。

（3）放养模式

模式 1：湘云鲫（鲤）-草鱼-鳖模式。选择优质、健壮的鱼种，每亩投放湘云鲫（鲤）800 尾，规格为 50～150 g/尾；草鱼 200 尾，规格为 250～500 g/尾；鳙鱼 20～40 尾，规格为 150～250 g/尾；鲢鱼 15 尾，规格为 100～250 g/尾；幼鳖 60～80 只，规格为 150～200 g/只。

模式 2：湘云鲫（鲤）-青鱼-鳖模式。选择优质、健壮的鱼种，每亩投放湘云鲫（鲤）600 尾，规格为 50～150 g/尾；青鱼 200 尾，规格为 250～500 g/尾；鳙鱼 20～40 尾，规格为 150～250 g/尾；鲢鱼 15 尾，规格为 100～250 g/尾；幼鳖 50～60 只，规格为 150～200 g/只。

3. 投喂管理

（1）做好"四定"投饵

鱼以投喂全价配合饲料为主，投饵时必须注意定时、定位、定质、定量。一天两次，选择水温较高和溶氧量充足时投喂，以减少缺氧浮头，一般为上午 8～9 时，下午 3～4 时。投饵量主要视水温、鱼体大小、天气情况及鱼类活动状况灵活掌握。在适宜生长季节，一般日投饵量为鱼体重的 0.8%～3%，全年每亩投放全价颗粒饲料约 1000 kg。鳖投饵时间比鱼的投饵时间推迟 1 个小时，以野杂鲜鱼或螺蛳、贝类、克氏鳌虾虾壳以及其他新鲜动物性饵料，每天保证池塘鳖总重 10% 的投料量。

（2）调节水质

池水保持肥、活、嫩、爽，透明度在 30 cm 左右为佳。在生长旺季，每月定期泼洒生石灰或漂白粉 1～2 次，观看水色是否变浓，适时适量加注新水。在 7—9 月份高温季节，每月泼洒 1～2 次 EM 菌制剂改良水质。EM 菌制剂与生石灰或漂白粉等消毒剂不能同时使用，间隔时间为 10 天。

（3）勤巡塘

坚持每天早、中、晚巡塘，检查防逃设施，观察鱼鳖的活动情况，如果发现问题及时处理，随时掌握鱼鳖的摄食情况，并及时开启增氧机。

（4）病害防治

鱼、鳖的发病主要有人为因素、环境因素以及微生物因素等，因此鱼、鳖的病害主要是以防为主，实行健康养殖管理。另外在养殖过程中，不拉网捕捞，保持池塘环境安静，保证中华鳖能够爬到池坡或晒背台上进行晒背，鳖晒背可以提高鳖的体温，加快体内物质循环，提高代谢水平，加快生长发育等，还可以杀灭皮肤的病菌和寄生虫。在病害防治过程中，选择农业部鱼药 GMP 验收通过企业的合格产品，并尽量使用速效、低毒、易降解的鱼药，禁止使用违禁药物。

（5）轮捕轮放

按照养殖和市场销售情况，采用诱捕网箱捕捞，不拉网捕捞。鳖的捕捞采取钓打捕捞，或者冬季干塘捕捞。

三、效益分析

综合分析两种鱼鳖池塘混养健康养殖模式：鳖从下苗到上市历经 2～3 年时间，在鱼鳖循环混养环节，第一年开始，每年每亩池塘可产生态鳖约 40 kg，市场价格约 120 元/kg，年产值约 4800 元。鱼当年可上市，每亩池塘年产成鱼约 750 kg，市场价格为 13～16 元/kg，年产值可达 9750～12000 元，鱼鳖合计总产值 14500～16800 元。而每亩养殖成本含租金、种苗、综合生产成本为 8100～9300 元。每亩净收益稳定在 6400～7500 元。鱼鳖池塘混养健康养殖模式经济、生态、社会效益明显。

四、经验和心得

鱼鳖池塘混养健康养殖模式充分利用水体，提高鱼鳖产量，鱼鳖混养池的经济效益比传统养鱼要高得多；鱼鳖混养后，鱼类不仅可直接摄食鳖的残饵，而且有机物的分解为浮游生物的生长繁殖提供了良好的条件，浮游生物大量繁殖又为滤食性鱼类提供了大量的饵料，使一种饵料在池塘中被反复多次地利用，大大提高了饵料的利用率；鳖能吃掉行动迟缓的病鱼或死鱼，从而防止了病原体的扩散和传播，减少了鱼发病的机会；改善水中的溶氧条件，可使上层浮游植物光合作用产生的大量过饱和氧气扩展到底层，弥补了深层水中氧气的不足，加速淤泥中有机物的氧化分解，防止水质突变，有利于净化和稳定水质，促进鱼类生长，有利于整个水体生态系统的稳定。实例证明，该模式是一种绿色、合理、健康的生态养殖模式，具有大面积推广的意义。

第二节　湘阴县中华鳖套养匙吻鲟池塘仿生态高效养殖实例

一、养殖实例基本情况

湘阴县水产科学研究所位于湘阴县静河镇青湖村，距县城 3 km，交通便利，环境优美，水质优良。有养殖面积 205 亩，工作任务是开展水产新技术研究，成果转化与示范推广，繁育"四大家鱼"、鲫鱼、鲈鱼等各类苗种。人员结构合理，技术力量较强。湘阴县水产科学研究所是湖南省省级良种场，长江水产研究所科技成果转化基地，湖南农业大学教学实习基地，长沙学院产学研合作基地，湖南省现代农业（水产）产业技术体系示范展示基地，工厂化循环水绿色健康养殖示范基地。

在湘阴县农业农村局的领导下，湘阴县水产科学研究所一直致力于名特水产成果转化和新技术研究与示范推广，引领全县水产业高质量发展，取得了鲈鱼、生态鳖科研技术新成果。2019 年"引进美国加州鲈集约化养殖高产技术示范推广"成果示范项目，实现亩产加州鲈达到 2000 kg，亩纯利润 1.5 万元。2021—2022 年"中华鳖池塘仿生态高效养殖技术研究与示范"省重点研发项目，研究 5 种中华鳖池塘仿生态养殖模式技术，亩均新增收益 0.5 万～1 万元。2021 年"加州鲈池塘养殖技术集成与示范推广"项目获全省农业丰收成果奖三等奖。有实用新型专利 3 项，参与或主持制定湖南省地方标准 12 项等多项技术成果。

近年来，为提高养殖效益，充分利用养殖空间，多地试验中华鳖的套养、仿生态养殖模式，取得一定的成效。2021 年，湘阴县水产科学研究所与长沙学院联合开展中华鳖套养匙吻鲟池塘仿生态高效养殖技术研究。试验地点选定在湘阴县水产科学研究所养殖基地，养殖周期 6 个月，取得了显著的成效。

二、放养模式与收获情况

1. 池塘准备

选择基地实验池西边 2# 鱼池。该鱼池进排水方便、水质良好、四面通风、池底淤泥未超过 20 cm，池底平坦，保水性好，建有投食台、晒背区，周边环境较安静，四周有防逃设施的池塘 1 个，共 3 亩。每亩用 75 kg 生石灰干池消毒。一周后加注新水至 80 cm，每亩泼洒茶粕 50 kg 进行清杂培肥（茶粕有发挥基肥的作用），添加少量生石灰与其加水混合后使用，效果更佳。

2. 苗种放养

2021 年 4 月 20 日，观察水中浮游生物丰富，水质颜色呈茶褐色或嫩绿色，检查池水透明度为 30 cm 左右，检测容氧量为 5 mg/L、pH 值为 7.5 左右、氨氮 1 mg/L、亚盐小于 0.1 mg/L，水质稳定。试验从沅江洞庭湖水产专业养殖合作社购进规格为 400～600 g 的中华鳖苗种，从长沙市雨花区美珍匙吻鲟养殖场购进规格为 500～750 g 的匙吻鲟苗种，自产规格为 0.5～0.75 kg 白鲢、100 g 左右规格"中科 5 号"鲫鱼。4 月 22 日，天气晴好，水温 20 ℃适宜投放苗种，下苗温差控制在 3 ℃以内，用高锰酸钾溶液浸泡 1～2 分钟后即下池。按中华鳖 300 只/亩、匙吻鲟 50 尾/亩、白鲢 50 尾/亩、"中科 5 号"鲫鱼 50 尾/亩的比例投放种苗。

3. 饲养投喂

在中华鳖养殖过程中，饵料是肉皮、南瓜、全价配合饲料、淀粉，按 4∶1∶4∶1 比例投喂，即 40% 的肉皮、10% 南瓜、40% 全价料、10% 的淀粉。肉皮高温杀菌熟制后绞碎，新鲜南瓜剁碎和全价饲料、淀粉搅拌均匀后揉成鹅蛋大的团状，投喂做到"四定"原则，即定时、定位、定质、定量。将饲料放在投食台。投喂时间分早晨 6 点左右和傍晚 7 点左右，观察鳖每餐的吃食情况，根据吃食量对投喂量进行增减。在 4 月和 7 月中旬，每亩每月投放 100 kg 左右螺作为中华鳖辅助饵料。

4. 日常管理

养殖中华鳖最重要的环节是日常管理，管理人员应用心负责，管理到位，平时注意多观察，多思考。

（1）及时调控水质

水质对中华鳖及其他鱼类起着关键性的作用，优良的水质为鱼类提供良好的生长环境，降低病害的发生，减少养殖成本，提高经济效益。池面栽种 510 m² 水葫芦，用于净化水质。通过观察水质变化，定期检测水质，及时排污和换水，时常保持水质优良，保证中华鳖健康生长。

（2）预防病害发生

中华鳖病害防治应遵循"预防为主，防重于治"的原则。投喂的饵料进行消毒、杀菌，保持新鲜，投食台上 1 个小时内未吃完的饵料要及时清理，扫入池塘作为鲫鱼的饵料。在 7—9 月养殖高峰期，定期在饵料中拌入保肝护胆、防肠炎的中草药物，配合外用碘制剂和杀菌药物进行鱼体消毒。可每隔 15 天左右全池泼洒生石灰进行水体消毒，调节净化水质。预防中华鳖腐皮病、穿孔病、肠炎等病害的发生。

（3）日常勤于观察

管理人员每天做好早、晚巡池，注意防逃、防盗、防缺氧等日常管理工作，及时清理池中杂物、残饵、病鳖，观察鱼、鳖摄食、生长、活动等情况。

（4）做好养殖记录

加强饲养管理，杜绝使用违禁药物，尤其是人药渔用，不用或少用抗生素，建立以苗种、饵料、渔药、管理为关键点的质量溯源控制体系，按照国家要求做好养殖生产过程记录、药品采购使用记录、产品销售记录等"三项记录"。

5. 收获

11 月中旬对匙吻鲟进行捕捞上市。由于放养的鳖规格较大，根据市场需要情况，随时对达到上市规格的中华鳖分批上市。

三、效益分析

湘阴县水产科学研究所中华鳖套养匙吻鲟养殖实验面积共 3 亩，为基地实验西 2# 鱼池。

（1）亩均总产值：亩均产鳖 388.8 kg，匙吻鲟 98.7 kg，常规鱼31.5 kg。鳖的平均价格 120 元/kg，亩产值 46656 元；匙吻鲟的平均价格 40元/kg，亩产值 3948 元；常规鱼亩产值 630 元；亩均总产值共计 51234 元。

（2）亩均成本：苗种投放成本。投放中华鳖苗种 151.5 kg/亩，价格 76元/kg，投入 11514 元。投入匙吻鲟 37.5 kg/亩，价格 30 元/kg（优惠价），投入 1125 元。投放白鲢 30 kg/亩，价格 4 元/kg，投入 120 元。投放"中科5 号"鲫鱼 6 kg/亩，价格 20 元/kg，投入 120 元。种苗投入共 12879 元/亩。

饲料及其他成本投入。每亩投螺 236 kg，成本 283 元；中华鳖饲料成本

7664 元/亩；匙吻鲟配合饲料 795 元/亩；塘租费 1000 元/亩，药物 300 元/亩，水电费 600 元/亩；人工费 3000 元/亩。饲料及其他投入每亩共计成本 13642 元。

（3）纯利润：亩均总产值共计 51234 元，扣除亩均总成本 26521 元，亩均纯利润 24713 元。

四、经验和心得

匙吻鲟原产于美国，我国已引进推广养殖 30 余年，并成为一个特色水产养殖品种，塘边价格 40 元/kg 左右，养殖效益好。匙吻鲟喜欢栖息在水体的中上层，是一种滤食性鱼类，适应性强，生长迅速，性情温顺，食物链短，食性与花鲢相同，终身以浮游动物为食，主食浮游动物、枝角类和摇蚊幼虫等小型水生昆虫，具有显著净化水质的功能，是所有养殖鲟鱼中唯一以浮游动物为食的鱼类。在人工饲养条件下，经驯化养殖也能摄食商品配合饲料。

中华鳖和匙吻鲟都是优势特色优质水产品种，分别栖息在水体的底层和中上层，将中华鳖和匙吻鲟在一个水体空间养殖，可以充分利用水体空间，鳖的粪便肥水后，水体中大量繁殖的浮游动物可以被匙吻鲟滤食，并将水质净化；匙吻鲟未摄食完的配合饲料，成为鳖的饵料，不造成浪费。鳖还可以捕食病、死的匙吻鲟，防治鱼病蔓延。因此，在池塘中进行中华鳖套养匙吻鲟，可以达到鱼鳖共生互利、养殖生态高效的目的，值得推广应用。

第三节　望城区池塘鳖−稻共生综合种养实例

一、种养实例基本情况

湖南八曲河环保科技有限公司是湖南八曲河生态种养殖基地有限公司旗下专门从事研究、开发、推广种植水上蔬菜和水上稻专用设备和技术指导的公司。公司在傅珍检先生带领之下，拥有水上立体农业科技方面的发明专利、新型专利等 16 项。公司的水上种植项目多次被主流媒体作为新技术报道，如 2018 年中国中央电视台《科技苑》和《致富经》栏目"臭水塘变成聚宝盆""水上带来的财富"的专题报道。湖南八曲河环保科技有限公司 2021 年被湖南省科学技术厅、湖南省财政厅、国家税务总局湖南省税务局评为国家高新技术企业。

　　为确保水上生产稳定发展，提升水上科技种养殖综合生产能力和农业整体生产水平，进一步促进农业增效、农民增收，公司选择望城区八曲河、团山湖、靖港镇，湘阴、益阳、常德、株洲等地区，以及江苏、浙江、广州、贵州等省份作为水上菜、水上稻套养中华鳖的推广地，通过水上稻高产集成技术，使水上稻每亩产量超过 400 kg，米质可达国家优级，平均每亩增收 1000 元，带动当地贫困户和老百姓走出一条规模化、产业化、信息化的发展之路。近三年来公司依托湖南省水产产业技术体系，湖南农业大学、湖南农业科学院，选择在望城区乌山街道团山湖村、八曲河村、高塘岭街道湘江村和六合围村金成水乡建立了 30 余亩水上综合种养示范基地，供全国学员参观和现场培训，产生了显著的社会、生态和经济效益。

　　精养鳖池塘水面进行水稻无土栽培，利用鳖、鱼类和水稻无土栽培生态原理，构建养池塘鳖鱼肥水稻、水稻净水、水养鳖鱼的生态种养绿色发展模式，使鳖、鱼与水稻共生互补，池塘水质原位净化，实现池塘生态系统内的物质自我循环利用，达到养鳖不换水、种稻不施肥、资源循环利用。

图 10 - 1　池塘稻鳖共生水质净化方案图

二、放养模式和收获情况

1. 鳖池塘选择与改建

鳖池塘一般为面积 2～10 亩，呈长方形，进水出水方便、地域开阔、阳光充足、相对安静、不受旱灾与洪涝影响的池塘，池深 1.5～2 m，泥深在 20～35 cm，周围水源充足。鳖池周围用水泥板或水泥砖砌好，以防鳖逃出池塘。预先在池塘四周用电锤打四个膨胀钩，每个上面固定一根带保护膜的直径在 0.6～1 cm 的钢丝绳，作为组合种植漂浮板的连接绳。鳖池靠道路一侧，建造一个可移动的活动码头用于操作人员上下。

2. 鳖种投放

鳖苗种放养每年在 4—5 月，水温稳定在 18 ℃ 以上时放鳖，亲鳖 1000 g 以上放养密度为 350～400 只，雌雄比为 5：1；成鳖 500～600 g 放养密度为 600～700 只，宜放养全雄鳖；幼鳖 150～200 g 放养密度 1200～1500 只，宜放养全雄鳖；鳖池每亩套养规格为 50～100 g 的鲢 60 尾、鳙 40 尾。

3. 漂浮水稻栽培

选用抗倒伏、抗病的优良水稻品种，如"黄华占""玮两优 8612"高产抗倒品种。将水稻栽种在漂浮板种植盆里。浮床选用高密度泡沫板、白色或彩色泡棉板等环保塑料板制作。浮床长 1.0～3.0 m，宽度不超过 1.5 m，栽种收割比较方便。浮床表面展开直径为 15～20 cm 的植入孔，植入孔之间的株距为 15 cm，行距为 20 cm。根据池塘大小、通风、采光，周围环境等情况和美观的原则，将浮床拼成条形或者方形，浮床两边绑定尼龙绳或防水膜的钢丝绳，在池埂固定。浮床面积一般不超过池塘总面积的 30%，水稻栽插在 4—6 月初，在底部带有水排孔的轻质或塑料盆钵中装入塘泥，每个盆钵中植入水稻秧苗 3～5 株，待水稻稳兜后，将盆钵嵌入浮床的植入孔，浮床每平方米栽种 9～16 株，每亩种植 6000 株植株比较适宜，然后将浮床移放入池塘中进行长条形或正方形组合。种植盆嵌入浮床的植入孔前，应注意保持盆内固定水稻根泥土湿润。

4. 水稻日常管理

（1）定期补充水上稻营养。在 6—8 月定期查看水上稻生长情况，如果水里营养不够可补充壮水稻根叶面肥，杨花吐穗之前利用无人机进行叶面喷洒水肥补充水稻营养。

（2）清除杂草。鳖稻塘长出的杂草与水稻争肥料、争生产空间，须及时处理，常见杂草有牛毛毡、游草、浮萍等近 10 余种。杂草长出初期及早使用人工清除，劳动强度小，减少药物的残留。

（3）病虫防治。如果水稻缺营养可根据水稻生长情况喷施叶面肥，水面种植水稻一般不打农药，因为水上稻根须脱离了土壤不易生虫。

（4）收割。当水稻籽粒成熟度达到 95% 时收割为宜，收割方式为人工手割，也可用移动式收割机收割。

5. 养殖鳖的饲料投放和管理要求

中华鳖饵料有配合饲料和鱼、虾、螺蛳，新鲜果蔬等饲料。投饲应定时、定位、定质、定量，摄食旺季每天投饲 2 次，分别于早、晚进行投喂，投喂量以 0.5～1 小时内吃完为宜，根据水质变化情况适时调整。观察鳖的摄食和活动情况，检修防逃设施，及时清除敌害生物，加强雨期的巡查，及时排洪捞杂。鳖病以预防为主，发生鳖病后应积极治疗鳖病，此外应加强越冬管理。

捕捞采用地笼或者在水稻收割完后，采用干塘翻挖、探测耙捕捉等方式。

三、鳖-稻生态种养殖综合效益分析

鳖-稻共生综合种养殖模式实例，投入成本：每亩水稻种植需要泡棉板 180 m²，成本约 3600 元/亩，（水稻种植设备珍珠棉泡棉板，使用寿命可达 10 年，分摊下来成本只有 360 元/年），秧苗 80 元/亩，人工费 500 元，合计成本每亩为 940 元。鳖-稻共生综合种养模式水稻产出情况：生态水稻亩产 450 kg 左右，折算出 1 亩池塘大约产 150 kg 稻谷，生产稻米 100 kg 左右，按照市场生态大米优质优价，大米 20 元/kg，亩产值为 2000 元，每亩池塘增加纯收益 1060 元。池塘种植水稻，更重要的意义是对养殖池塘进行原位净化水质，通过种养循环有效处理养殖尾水，生态效益显著。更重要的是，在池塘水面栽种水稻为国家粮食安全做出了新的贡献，开辟了一条粮食生产的新途径。

四、经验和心得

（1）当前，我国农业面临的资源约束和环境问题日益突出，集约化种植和高密度养殖使我国农业面临着高投入、高消耗、低产出、低效益、生态退化、环境恶化、产品质量下降等一系列问题。利用鳖-稻生态种养技术构建养殖池塘鳖鱼肥水稻、稻净水、水养鳖鱼和谐共生的种养模式。该技术可把水产养殖与无土栽培水稻种植技术结合起来，把池塘水面作为"耕地"，种植一定比例的水稻，吸收利用池塘水体中鳖类的新陈代谢产物如氨氮和有效磷，从而获得鳖稻双丰收，达到生态效益双赢的目的。

（2）在炎热的季节进行水面种稻，鳖爬到水稻下乘凉和休息，捕捉水稻上的害虫，减少了农药的使用。

（3）通过鳖池水面种稻，净化了水质，减少了鱼病，提高了养殖产量

和产品质量，提高了鳖和生态水稻销售价格，产值增长和效益增加在 20%
以上。该模式可使池塘水体水质明显改善，鱼药用量大幅减少，水产品质
量显著提高，鳖稻产品达到绿色食品标准，有效缓解池塘水体富营养化，
有力促进池塘尾水治理，全年节能减排 80% 以上，生态效益明显。

五、示范基地部分图示

图 10 - 2　池塘生态种养技术创新示范基地

图 10 - 3　鳖-稻-花综合种养示范

图 10-4　池塘鳖-稻共生示范

图 10-5　池塘鳖-稻共生综合种养示范

第四节 长沙县麦穗鱼-鳖稻田综合种养实例

一、养殖实例基本信息

长沙浩源水产养殖有限公司位于长沙县金井镇，是一家以野生鱼种麦穗鱼养殖及火焙鱼加工为主的农业企业。公司于 2008 年开始投资建设，经过多年的不断探索与发展，现已掌握了丰富的麦穗鱼养殖经验及成熟的火焙鱼加工技术，并根据自身独有的地理优势，开发了稻田养鱼、稻田养鳖、稻田养虾等多项稻田综合种养项目，基地面积已达 200 多亩，产品包括麦穗鱼、鳖、黄尾鱼、河虾、小龙虾、稻花鲤、河蚌、有机大米、火焙鱼等十几个品种。被评为国家农业农村部水产健康养殖示范场、长沙市水产健康养殖场、湖南农业大学生态种养产学研基地。并参与湖南省地方标准《麦穗鱼-鳖稻田综合种养技术规程》及《麦穗鱼池塘健康养殖技术规程》的编制工作。

麦穗鱼-鳖稻田综合种养模式，是在原有的稻鱼模式的基础上，充分利用稻鱼综合种养的两栖环境，增加两栖爬行动物鳖进行饲养。营造了一个动、植物互助共生的生态环境，既增加了田间收入，又减少了农药化肥的使用，从源头上保证了农产品的质量安全。

二、放养模式与收获情况

1. 稻田准备

2021 年，公司总共开展了 50.4 亩麦穗鱼-鳖稻田综合种养项目。稻田面积 2~8 亩不等，进出水方便，堤埂高约 0.8 m，开挖渔沟面积不超过稻田面积的 10%，稻田四周用钢丝网进行防逃处理。2021 年 2 月 7 日对稻田进行翻耕处理，并采用生石灰进行消毒处理后开始蓄水，蓄水 50 cm 深。

2. 苗种放养

2021 年 2 月 26 日，统一投放麦穗鱼亲本，投放的麦穗鱼亲本均为 1 冬龄鱼，投放密度约 2.5 kg/亩，雌雄比例为 1∶1，合计放苗 130 kg。并于 2021 年 4 月 6 日，统一投放中华鳖苗种，规格为 200 g 左右，放养密度为 200 只/亩，放养前用 3% 的食盐水浸洗 10 分钟，选择晴天投放。

3. 饲养管理

在稻田中投放竹枝作为麦穗鱼的鱼巢。4—5 月，营造微流水环境刺激麦穗鱼产卵繁殖。麦穗鱼饲料为全价配合料，鳖饲料以猪肺、碎肉、螺蛳为主。麦穗鱼放苗后气温达到 15 ℃以上开始间歇性投食，于 3 月 12 日开始每天投料 1 次，每次投饵量根据吃食情况进行调整，进食时间控制在 0.5～1 小时内吃完；从 5 月开始进行定时定量投喂，一般每日投喂 2 次，投喂量根据吃食情况进行调整，进食时间控制在 0.5～1 小时内吃完。

4. 水稻种植

水稻品种选用中稻"农香 32"，于 5 月 20 日进行秧盘育种，共计播种 114 kg，平均每亩 2.5 kg 种子。于 6 月 18 日秧苗成熟，便放低稻田水位，露出平台，进行抛秧，并观察秧苗情况，及时进行补秧。

5. 捕捞与收割

采用笼壶类渔具（地笼）分点式捕捞麦穗鱼。从 6 月底开始，捕大留小，体长在 3 cm 以上的即可进行捕捞。10 月 5 日，进行水稻收割，提前 10 天将种稻区域的水放干，须维持田沟里的水位，保障麦穗鱼和鳖的水体生活环境。收割后放水漫过平台 10 cm，并停止麦穗鱼投喂。于 10 月 27 日，放水干池，进行鳖捕捞。

三、效益分析

麦穗鱼共收 1080 kg，每亩 21.4 kg，售价约 44 元/kg，麦穗鱼每亩产值 942 元；中华鳖共收 3830 kg，每亩 76 kg，鳖通过生态模式再养一年，个体达到 1 kg 以上上市，售价约 200 元/kg，亩产值 15200 元；中稻共收 17000 kg，亩产 375 kg，出米率为 58%，加工"中华鳖稻"米，售价约 10 元/kg。综合亩产值约为 18317 元，除去生产成本及前期基础设施建设折合每亩 8000 元，每亩纯收益在 0.8 万元以上，经济效益较为可观。

四、经验和心得

麦穗鱼-鳖稻田综合种养模式，充分利用了稻鱼模式的水陆空间结构，提高了田间土地资源的利用率，既丰富了田间生态环境的多样性，又增加了田间产值，同时还保护了生态环境，值得推广。农业生产的效益在于品牌和质量，加工可以使农产品附加值显著提升，比如，将麦穗鱼等做成火焙鱼，可增值 30% 以上。当然，在生产管理上，我们应该特别注意遵循生物的生长规律，合理调配水位，使水稻、麦穗鱼、鳖可以共同协调生长。

第五节　湘阴县池塘中华鳖-翘嘴鲌 共生养殖实例

一、养殖实例基本情况

湘阴县水产科学研究所位于湘阴县静河镇青湖村，有养殖面积 205 亩，是湖南省省级水产良种场，主要开展水产养殖新技术研究，成果转化与示范推广，繁育"四大家鱼"、鲫鱼、鲈鱼等各类苗种。

湘阴县水产科学研究所承担湖南省重点研发项目"中华鳖池塘仿生态高效养殖技术研究与示范"任务，为探索中华鳖池塘高效生态养殖模式、提高养殖效益，在长沙学院的指导下，该所开展了池塘中华鳖与翘嘴鲌共生生态养殖模式技术研究。实验地点选定在湘阴县水产科学研究所养殖基地，养殖周期 6 个月，取得显著的效果。

二、放养模式与收获情况

1. 池塘准备

选择进排水方便、水质良好、四面通风、池底淤泥未超过 20 cm 的试验池 5#，面积 3 亩，池底平坦，保水性好，建有投食台、晒背区，周边环境较安静、四周有防逃设施。每亩用 75 kg 生石灰干池消毒，1 周后加注新水至 80 cm。

2. 苗种放养

2022 年 5 月 3 日，观察水中浮游生物丰富，水质颜色呈茶褐色，天气晴朗，水温 25 ℃，池水透明度 30 cm 左右，溶氧量不低于 3 mg/L、pH 值 7.5 左右、氨氮低于 0.2 mg/L、亚盐低于 0.1 mg/L。确定水质稳定后开始下苗，从沅江洞庭湖水产专业养殖合作社购进规格为 400～600 g 的纯正、健康中华鳖苗种；翘嘴鲌苗种和"中科 5 号"鲫鱼为自繁自育。5 月 5 日，天气晴好，水温 26 ℃，确定可投放苗种。每亩投放规格为 400～600 g 的中华鳖 300 只，规格为 300～500 g 的翘嘴鲌苗种 800 尾，规格为 50～80 g 的"中科 5 号"鲫鱼 50 尾。

3. 饲养投喂

在中华鳖养殖过程中，饵料是肉皮、南瓜、全价配合饲料、淀粉，按 4∶1∶4∶1 的比例投喂，即 40% 的肉皮、10% 南瓜、40% 全价料、10% 的淀粉。肉皮高温杀菌熟制后绞碎，新鲜南瓜剁碎和全价饲料、淀粉搅拌均匀后揉成鹅蛋大的团状，投喂做到"四定"原则，即定时、定位、定质、定量，将饲料投放在食台。早晨 6 点左右和傍晚 7 点左右各投 1 次，观察每餐的吃食情况，根据吃食量进行增减。在养殖生长高峰期，每 10～15 天，投放 100 kg 左右的福寿螺作为中华鳖辅助饵料。

翘嘴鲌的投喂使用广东越群生物科技有限公司翘嘴鲌专用配合料，每天投喂 2 次——上午 8 点、下午 5 点，投喂做到"四定"原则。

4. 日常管理

（1）及时调控水质

水质对中华鳖及翘嘴鲌起着关键性的作用，优良的水质为翘嘴鲌和中华鳖的生长提供良好的生长环境，降低病害的发生，减少养殖成本，提高经济效益。注意观察水质变化，定期检测水质，及时排污和换水，用生石灰调控水质，保持水质优良，保证翘嘴鲌和中华鳖的健康生长。

（2）预防病害发生

中华鳖、翘嘴鲌病害防控遵循"预防为主，防重于治"原则。投喂的饵料进行消毒、杀菌、保持新鲜，投在食台上 1 个小时内未吃完的饵料要及时清理，扫入池塘作为"中科 5 号"鲫鱼的饵料。在 7—9 月高温季节，定期在饵料和饲料中拌入保肝护胆、防肠炎的中草药物，配合外用碘制剂和杀虫杀菌药物进行鱼体消毒。可每隔 15 天左右全池泼洒生石灰进行水体消毒，调节净化水质，预防中华鳖腐皮病、穿孔病、肠炎等病害的发生。

（3）日常勤于观察

管理人员每天要做好早、晚巡池，注意防逃、防盗、防缺氧等日常管理工作，及时清理池中杂物、残饵、病鳖。观察鱼、鳖的摄食、生长、活动等情况。

（4）做好养殖记录

坚持绿色生态养殖管理理念，杜绝违禁药物使用，尤其是人药鱼用，不用或少用抗生素，建立以苗种、饵料、鱼药、管理为关键点的质量溯源控制体系，建立好规范化养殖"三项记录"为核心的质量管理体系。确保养殖全过程可控，产品质量安全，养殖模式能得到应用与推广。

（5）捕捞收获

经过 6 个月的饲养，中华鳖和翘嘴鲌达到上市规格，11 月上中旬全部捕捞完毕，测算产量。

三、养殖效益分析

湘阴县水产科学研究所中华鳖套养翘嘴鲌养殖池面积 3 亩，为基地的科研试验池 5#。

（1）亩均成本：苗种投放成本。中华鳖苗种 145 kg/亩，价格 76 元/kg，成本 11020 元/亩。投入翘嘴鲌 320 kg/亩，价格 24 元/kg，成本为 7680 元/亩。投放"中科 5 号"鲫鱼 3 kg/亩，价格 20 元/kg，成本为 60 元/亩。苗种投入成本共计 18760 元/亩。

饲料及其他成本投入。投放螺 203 kg/亩，价格为 2.4 元/kg，共投入 487 元。翘嘴鲌饲料成本 8611 元/亩。中华鳖饲料成本 5814 元/亩。渔池租金 1000 元/亩。动保药物费 400 元/亩。人工费 3000 元/亩。水电费 800 元/亩。饲料及其他成本投入共计 20112 元/亩。

（2）亩均总产值：亩均产成鳖 325 kg，翘嘴鲌 1010 kg，常规鱼 75 kg。中华鳖价格为 120 元/kg，亩产值 39000 元/亩。翘嘴鲌价格 22 元/kg，亩产值 22220 元/亩。常规鱼亩产值 580 元。亩均总产值计 61800 元。

（3）净利润：亩均总产值计 61800 元，抵扣亩均成本 38872 元，亩均净利润 22928 元。

四、经验和心得

中华鳖与翘嘴鲌共生养殖模式是一种生态高效养殖模式。中华鳖和翘嘴鲌都是优势特色优质水产品种，分别栖息在水体的底层和中上层，将中华鳖和翘嘴鲌立体养殖，可以充分利用水体空间，鳖的粪便肥水后，水体中大量繁殖的浮游动物可以被翘嘴鲌苗种摄食，将水质净化，翘嘴鲌未摄食完的配合饲料，成为鳖的饵料，不造成浪费。鳖还可以捕食病、死的翘嘴鲌，防治鱼病蔓延。因此，在池塘中进行中华鳖和翘嘴鲌立体养殖，可以达到鱼鳖共生互利、养殖生态高效的目的。

在湖南等地，许多养殖户在养鳖池中套养鲢鳙鱼来净化水质。如果在养鳖池中套养翘嘴鲌，效果更好。翘嘴鲌苗种可以摄食水中浮游生物，可部分替代鲢鳙鱼放养，同样可达到调控水质目的。"中科 5 号"鲫鱼作为底层杂食性鱼类，摄食残饵，降低残饵对水环境的影响。该模式增加了优质的翘嘴鲌和鲫鱼产量，养殖效益更高。

该模式通过合理搭配养殖品种，加固了生态系统的稳定，实现了生态养殖。养殖密度小、病害少，适宜小面积养殖，技术管理相对简单，养殖户易上手。中华鳖与翘嘴鲌共生养殖模式是一种既科学合理，又能创造可观经济效益，同时还是技术层面可行性强的高效养殖模式，值得大面积推广应用。

第六节　浏阳市中华鳖自繁自养稻田综合种养实例

一、实例基本信息

　　浏阳市孔蒲中家庭农场成立于 2014 年，位于浏阳市达浒镇金石村，该家庭农场于 2014 年从传统单一"水稻＋鳖"种养模式起步，不断探索积累综合种养技术经验，目前已逐步发展至以"水稻＋鳖"为基础，实行稻田种植一季优质中稻，田埂四周种植果树、绿色蔬菜，配套散养鸡鸭，田沟以养殖中华鳖为主，配套放养草鱼、泥鳅、黄鳝、螺蚌等多元化稻田生态循环综合种养模式格局。农场经营面积从 2014 年约 40 亩发展到目前 268亩，实现"一地多收，一田多产"综合种养效果，发挥了显著的经济效益、生态效益和社会效益，受到各级各部门高度肯定与推荐。2018 年，农场负责人孔蒲中作为唯一农民代表受邀进京参加李克强总理座谈会，向总理汇报家庭农场和生态农业发展前景情况。孔蒲中个人先后获得"长沙市生态农业杰出领军人物奖""长沙市科普带头人""长沙市劳动模范""全国百名新型职业农民""浏阳市爱国奋斗者"等荣誉。孔蒲中家庭农场获评湖南省省级示范家庭农场。

二、放养模式与收获情况

（一）鳖养殖

1. 中华鳖亲本养殖

　　中华鳖苗种来源于农场自繁自养品种，农场设立稻田综合种养中华鳖亲本养殖区域，总占地面积约 30 亩，综合种养稻田根据田块形状面积大小在稻田内开挖环沟或"十"字、"一"字沟，沟宽 2.5～3 m，沟深 0.8～1.2 m，稻田水沟总面积在 10% 以内。亲本养殖区域外围四周用石棉瓦设置围栏防逃，稻田进排水口用铁丝网进行防逃处理，稻田四周田埂设置产卵场 4 个，上面堆放细沙或松土，产卵场上方用石棉瓦搭棚防雨，种植丝瓜搭架遮阴。从农场内选择体重为 1.5～2 kg、体质健壮、活泼健康的中华鳖作为亲本留用,雌雄性别按 3∶1 比例每亩放养种中华鳖 80～100 只,稻田水沟放养鲢鳙鱼、草鱼、泥鳅、小龙虾、螺蚌等,适时投放南瓜、西瓜皮等保证中华鳖亲本摄食充足、营养全面、体质健壮。中华鳖亲本养殖区域稻田和水体,根据实际情况,每年全面泼洒生石灰消毒杀菌,生石灰每亩用量 25～40 kg,每年 3～4 次。中华鳖亲本养殖区域适时加注新水,保持水位深度,一季稻收割后加高水位至淹没田面 15～20 cm,冬季低温季节保持水位淹没田面 30 cm 以上,确保中华鳖亲本正常越冬。

2. 鳖苗种孵化与培育

每年 6—8 月,观察亲本中华鳖产卵情况,中华鳖产卵后每日清晨收集产卵场及田埂内零星卵,收集到农场设置的室内专用孵化用房集中孵化,室内孵化用房、沙床和孵化板的设施设备按要求提前进行晾晒或消杀处理,每日检查孵化用房温度、湿度及蛇鼠蚊虫等防敌害设施是否正常。孵化期间室内温度保持在 30 ℃～33 ℃,空气湿度保持在 80%～85%,经常观察中华鳖卵发育变态情况。当孵化积温达 36000 ℃左右时稚鳖将陆续破壳孵出,及时收集孵出的稚鳖,放入专用的稚鳖或幼鳖池集中培育饲养,稚幼鳖养殖池总面积约 8 亩。每口稚鳖暂养池面积为 100～200 m²,稚鳖阶段池塘水位一般为 0.6～0.8 m,水面种植水葫芦、空心菜等水生植物方便稚鳖栖息躲藏,稚鳖池上方设置天网防鸟害入侵,同时注意做好防蛇鼠入侵工作。池内设置食台,稚鳖孵化前 1 周用熟蛋黄、稚鳖专用料投喂饲养,以后用专用饲料加适量鱼糜、肉糜等投喂饲养,1 日分早晚投喂 2 次,投饵量以 1～2 小时内吃完为宜。稚鳖池保持水温稳定在 20 ℃～33 ℃,以 28 ℃～30 ℃最好。定期加注新水或适量换水保持水质清新,稚鳖池定期用生石灰、强氯精等消毒杀菌。随着中华鳖苗的生长情况及时进行分池分稀养殖至幼鳖,每口幼鳖养殖池塘面积为 1～2 亩,池塘水位为 1～1.5 m。幼鳖养殖过程中,逐步减少专用饲料,加大动物性饵料和小鱼、小虾、螺蚌等活体适口饵料的比例,锻炼幼鳖自然捕食生长能力,当幼鳖规格达 250 g 左右(一般需要强化养殖 1～1.5 年),具有较强的生活和抗敌害能力后,即可作为稻田综合种养苗种放入稻田散养。

3. 成鳖稻田养殖

综合种养稻田基本设施改造、养殖经营管理与鳖亲本养殖稻田基本相同。放苗前检查修缮农田基本设施,加深稻田内水位至淹没田面 10 cm 以上,并用生石灰全面泼洒消毒。稻田鲢、鳙、草鱼、泥鳅、龙虾、螺蚌苗种等根据实际情况提前放养,水葫芦、空心菜等水生植物也可提前设区栽种，面积不超过水沟水面 1/3 为宜。每年开春（5 月前后）或秋季入冬前（10 月前后），当室外水温稳定在 20 ℃左右，将规格 250 g 左右的幼鳖按每亩 200 只放入稻田养殖。幼鳖放入前，用高锰酸钾或食盐溶解后浸泡 10～15 分钟消毒杀菌。幼鳖放入稻田后即可自行捕食稻田内鲢、鳙、草鱼、泥鳅、龙虾、螺蚌、蛙类等水生动物和其他植物。在夏季中华鳖生长摄食旺季，也可人工投喂南瓜、西瓜皮等作为补充，同时根据稻田水沟内生物存量适时补充放养鱼虾苗种，保证鳖食物充足、生长稳定。同时在田间水位、水质管理，稻田水稻种植施肥、病虫害防治等方面注意与稻田养殖生物高度协调、相得益彰，融合发展。中华鳖稻田生态养殖一般 1～2 年即有商品鳖可以上市，采用捕大留小的方式，及时起捕商品中华鳖上市并适时补充放养幼鳖。按照综合种养稻田内物种间资源互补、和谐共生的循环生态学原理，稻田鲢、鳙、草鱼、泥鳅、龙虾放养也是如此，依此生态循环、生生不息。

（二）水稻种植

1. 品种模式

稻田综合种养水稻种植以一季稻种植为主，也可根据需要兼顾选择再生稻种植。一季稻品种一般选择植株较高、抗病虫害、抗倒伏能力强，米质好、价格优的优质杂交水稻品种，如："农香 42"等品种。

2. 种植管理

一是稻田翻耕。水稻移栽前一周翻耕稻田，翻耕前放低稻田水位，采用机械翻耕稻田，根据稻田土壤肥力进行测土配方，根据配方施用有机肥。近年来，该农场实施稻鳖等生态综合种养以后，耕地肥力逐年提升，施肥量逐年降低，2019 年在稻田翻耕时施用一次基肥后再没有施用过肥料。二是育秧及栽培。另选田块实行集中育秧，每年 6 月中下旬，采用机插或机抛方式栽培水稻，待水稻稳根以后及时补水，并根据水稻不同生长阶段保持田间水量及水位。三是田间管理。本着"高效、绿色、生态"的综合种养理念，利用稻田养殖动物排泄物及饲料残渣分解物等作为肥料，减少肥料投入。采用绿色防控、综合防治理念，推广理化诱控、生态调控、生物防控技术防治水稻病虫害，如根据害虫趋光性特点，每 5～10 亩安装 1 盏黑光灯或频震式杀虫灯诱杀螟虫和稻纵卷叶螟成虫，利用稻田养殖鱼类、蛙类的捕食活动杀灭稻田虫卵、成虫，减少杂草、防控病虫害。近年来，水稻种植病虫草害也逐年降低，2020 年以来，水稻种植再未使用过任何农药防治病虫害。四是水稻收割。水稻收割前 15 天，降低田间水位至田面 20 cm 以下晒田，方便 10 月中旬水稻机械收割，如晒田不足，田面硬化不够，也可采用宽履带收割机下田收割水稻。一季水稻收割完毕、清除多余稻草后马上提升稻田水位至淹没稻田 30 cm 以上，促进稻田养殖动物扩大生存活动空间、加快摄食生长。

三、收支情况及效益分析

1. 中华鳖养殖收益

中华鳖养殖从苗种孵化到商品上市需要 3～4 年，在稻鳖综合循环种养环节，从首次放养幼鳖以后，第 2 年开始，每年每亩可产生态中华鳖约 25 kg，中华鳖市场平均售价为 280～300 元/kg，年产值约 7000 元。

2. 水稻种植收益

种植一季水稻收获稻谷稳定在 550～650 kg/亩，生态稻谷直接收购上市价格 2.6～2.8 元/kg，按亩产 550 kg 折算，年产值约 1430 元。近年来，该农场将稻-鳖综合种养生产的生态稻米自行加工、包装上市销售，平均每亩生产生态稻米约 275 kg（米糠、碎米等产值可抵加工包装成本），市场售价 20 元/kg，每亩生态稻米销售产值 5500 元。

综合以上情况，稻-鳖综合种养生产农产品直接上市每亩产值 8430 元。建立生态稻米品牌，稻米加工增值后每亩产值可达 12500 元。土地流转租金、综合种养各类生产成本、设施设备折旧及人工投入等各类成本支出为 2800～3000 元/亩，每亩纯收益稳定在 5500～10000 元。稻鳖综合种养产生了显著的经济效益、生态效益和社会效益。

四、心得与体会

孔蒲中家庭农场稻-鳖综合种养之所以能取得显著的经济效益，其中一个很重要的经验就是中华鳖全产业链自繁自养、自产自销。鳖的养殖如果依靠外购种苗，特别是引进温室鳖养殖，将难以保证成活率。作者曾考察多个温室养殖的鳖苗种，由于养殖密度大，鳖易相互撕咬，导致受伤个体多、皮肤腐烂和疖疮病多，鳖体质弱。这种温室鳖直接下池塘和稻田时，鳖开始 5～7 天不摄食，环境适应能力差，成活率低，有的死亡率在 30％以上，养殖户损失大。因此，有条件的经营主体，在保障亲鳖种质量的前提下，可以自繁自养、自产自销，生态养殖高品质鳖产品，获得全产业链条的叠加效益。

第七节　湘阴县稻田藕-鳖共生综合种养实例

一、养殖实例基本情况

湘阴县晨宇种养农民专业合作社成立于 2017 年 11 月 13 日，成员出资总额 1500 万元，流转土地 1239 亩，位于湘阴县省级特色农业小镇——鹤龙湖镇，是一家集稻-渔（莲藕、鳖、鱼）综合种养、加工、销售于一体的农民专业合作社。产品主要有鲜藕、鲜鱼、泥鳅、荷叶茶、藕粉等。有稻田藕-鳖共生综合种养面积约 200 亩。2021 年合作社总资产达 1200 万元，年综合性收入达 1500 多万元，净收益 200 多万元。合作社带头人戴发平，从事种养、销售业务 10 多年，积累了比较丰富的种养、销售经验，个人观念新颖，具有较强的市场开拓意识和强烈的社会责任感，能带动周围农户脱贫致富，对合作社建设有充分的信心和决心。合作社十分注重品牌建设，2018 年注册了"湖湘"商标，通过"无公害农产品"认证，2019 年通过"绿色食品"认证，2021 年成功申报省级示范合作社。

近年来，为积极响应国家、省、市、县乡村振兴战略和湘阴县委、县政府大力发展特色水产，建设特色水产强县的号召，合作社致力于发展稻渔生态综合种养模式，走优质、高效、生态、安全的现代农业发展之路，追求经济、生态、社会效益的有机统一。未来 5 年，合作社拟优化产业结构，以优质稻、优质莲藕为主导产业，以中华鳖、泥鳅、鱼等水产品为主导产品，以品牌建设为核心，建设生产、储存、分拣、配送冷链物流体系，让农产品更新鲜更快捷地从基地直达餐桌，以产业振兴推动乡村现代生态农业的发展，带领当地农民共同致富。

二、养殖模式与管理

1. 藕田的选择与改造

藕田面积一般为 10 亩，呈长方形，进排水方便，环境安静。堤埂 50 cm高，四周开挖鳖沟和建立晒背台。鳖沟宽约 0.8 m，深 0.5 m，占藕田总面积10%左右。鳖晒背台选择在鳖沟上方建立，用木材做成宽约 30 cm，长约占鳖沟 50%的扇形晒背台，用绳子将其固定在水面上。防鳖逃逸是养殖管理过程中重要环节，鳖天性喜攀爬。在投放鳖种前，购置 80 cm×80 cm 的厂家处理品瓷砖，将瓷砖插入田埂 20 cm 深，设立防逃设施。在进排水口用铁丝网、水泥砖设置防逃措施。

2. 藕定植

藕种在 2021 年 4 月 10 日前定植完毕，定植前施足底肥。每亩种藕用量约 305 kg。行距为 3.0 m，株距为 0.8～1.0 m。栽种时边行藕头向内，其他各行藕头基本同向、错位排种。

3. 鳖种投放

2021 年 4 月 20 日天气晴朗，水温稳定在 20 ℃以上，开始投放鳖苗种。投放规格基本一致、行动活泼、体质健壮的全雄中华鳖 100 只/亩，鳖的平均规格为 255 g/只。下田前对鳖种用复合碘溶液浸泡 5 分钟。

4. 日常管理

（1）投饵

投放适量田螺、福寿螺、小龙虾、野杂鱼以及南瓜、黄豆等作为鳖的补充饵料。

（2）定期施肥

在 5 月上旬，要抓紧选择晴好天气施青肥，每亩施专用复合肥 70～100 kg，适当泼洒生石灰 20 kg/亩，用于杀菌和调节水质，提高藕产量和品质。

（3）清除杂草

藕田长出的杂草与藕争肥料、争生产空间，须及时处理，常见杂草有牛毛毡、游草、浮萍等 10 余种。杂草长出前及时人工清除，劳动强度小，可减少药物的残留。

（4）病害防治

以防为主，防重于治，对易发的荷叶软腐病及时防控，时刻保持水质清洁，及时摘除病叶，喷洒专用药物。

（5）鳖病防治

藕田套养中华鳖，养殖密度小，环境生态，无污染源，鳖病发生率不高，以预防为主。预防疾病主要是用生石灰对水质进行调控，鳖内服提高免疫力和清热解毒的中药，药物使用及水质调控根据养殖实际情况分析使用。

三、养殖效益分析

藕–鳖共生综合种养模式实例投入成本：投放平均规格 255 g/只的中华鳖 100 只/亩，成本为 2040 元/亩；藕种苗 305 kg/亩，成本为 1200 元/亩；

肥料和药物成本 500 元/亩；人工、水电和田租成本 750 元/亩；合计每亩成本 4490 元。

藕-鳖共生综合种养模式实例产出情况：中华鳖亩产 64.8 kg，亩产值 7128 元；藕亩产 1910 kg，亩产值 5730 元；合计亩产出 12858 元。藕-鳖共生综合种养模式亩净利润 8368 元。合作社有稻田藕-鳖共生综合种养面积约 200 亩，2021 年藕-鳖共生综合种养获得纯收益约 160 万元。

四、经验和心得

湘阴县水域资源丰富，据统计现有精养鱼池约 22 万亩，但经过多年的养殖生产，池塘淤积严重，由于地处湖区，清淤工作很难开展，严重制约了水产养殖业发展。部分养殖户改鱼塘为藕池，但由于福寿螺大量繁殖等原因导致经济效益不理想。首先，将藕和中华鳖综合种养是目前新型的农业-水产复合生产模式之一，中华鳖的摄食活动能够促进水体上下交换，使更多氧气渗透扩散到底层以及淤泥，亚硝酸盐氮被氧化成更有利于莲藕吸收的硝酸盐氮等。其次，中华鳖的粪便主要成分是氨氮，高温季节中华鳖摄食量大，氨氮排放量随之增加，这类氮肥的增加极大满足藕生长所需，有效减少藕田肥料的投放。有研究显示，藕田套养中华鳖能够有效抑制福寿螺大量繁殖，确保藕的正常生长。藕-鳖共生综合种养模式实例中藕产量显著高于单独种植藕的藕田，藕-鳖田净利润是藕田的 3.6 倍。藕田里的螺、地蛆以及鱼虾恰好是鳖最好的天然饵料。在 5—9 月鳖生长旺季，利用本地养殖小龙虾的优势，可收购小龙虾苗（1～2 元/kg），小龙虾蛋白质含量高，微量元素丰富。利用当地富余劳动力捕捞福寿螺（1 元/kg），种植南瓜、黄豆等作为鳖的饵料，为鳖提供实惠的高品质饵料，提升鳖的品质。

藕田或者藕塘套养鳖，鳖需在藕种定植 10 天后，待藕立叶后再投放，避免鳖喜钻泥而影响藕发芽和定植效果。本模式实例鳖种规格为 255 g 左右，养殖一年达到 500 多克，尚难达到商品上市的要求，可以再养一年，规格达到 1500 g 左右时上市，大规格鳖的价格更高，养殖效益会更加显著。因此，可探索放养规格为 500 g 左右鳖的藕-鳖共生模式，综合研究分析生长速度、放养密度、养殖周期以及利润空间等，为生产提供更多的选择。

第八节 长沙县池塘莲-鳖共生模式养殖实例

一、养殖实例基本信息

长沙浩源水产养殖有限公司位于长沙县金井镇，是一家以野生鱼种麦穗鱼养殖及火焙鱼加工为主的农业企业。公司于 2008 年开始投资建设，经过多年不断探索与发展，现已掌握了丰富的麦穗鱼养殖经验及成熟的火焙鱼加工技术，并根据自身独有的地理优势，开发了稻田养鱼、稻田养鳖、稻田养虾等多项稻田综合种养项目，基地面积已达 200 多亩，产品包括麦穗鱼、鳖、黄尾鱼、河虾、小龙虾、稻花鲤、河蚌、有机大米、火焙鱼等十几个品种。被评为国家农业农村部水产健康养殖示范场、长沙市水产健康养殖场、湖南农业大学生态种养产学研基地。参与湖南省地方标准《麦穗鱼-鳖稻田综合种养技术规程》及《麦穗鱼池塘健康养殖技术规程》的编制工作。

公司 2022 年采用 20 亩标准池塘开展池塘莲-鳖共生模式综合种养，该模式是将传统种莲与养鳖合并在一起进行的模式。传统池塘种莲由于池底湿润、底泥肥沃，适合各种昆虫生长，容易产生虫害，而增加中华鳖进行共生，池底昆虫便是鳖的优良饵料，且鳖的粪便又可作为莲的优质肥料，相互促进生长。池塘莲-鳖共生模式营造了一个动植物互助共生的生态环境，既增加了池塘收入，又减少了化学药物的使用，从源头上保证了农产品的质量安全。

二、放养模式与收获情况

1. 池塘准备

池塘四周用预制水泥板进行塘堤加固，四周用钢丝防滑网制作防逃网，防逃网高度为 60 cm，网端向池塘内弯折 10 cm，防止鳖外翻逃跑。池塘进出水管对向单独设置，高进低出。

2. 施肥与消毒

每年 3 月初，采用有机肥对池底进行施肥，有机肥每亩用量为 1000 kg。于 3 月底采用生石灰对池塘进行消杀处理，生石灰每亩用量为 50 kg。

3. 藕苗种植

3 月底进行藕苗栽种，选用健壮藕苗，藕苗栽种于池塘中部，四周留出

1.5 m 距离，每亩藕苗 220 株左右，每株间距为 1.5 m。

4. 苗种放养

于每年 4 月中旬，气温达到 20 ℃左右，统一投放中华鳖苗种，规格为 200 g 左右大小，放养密度为 200 只/亩，放养前用 2%～3% 的食盐水浸洗 3～5 分钟，选择晴天投放。

5. 日常饲养管理

鳖饲料以猪肺、碎肉、螺蛳为主。放苗后气温达到 20 ℃以上开始间歇性投食，于 3 月 12 日开始每天投料 1 次，每次投饵量根据吃食情况进行调整，进食时间控制在 0.5～1 小时吃完；从 5 月开始进行定时定量投喂，一般每天投喂 2 次，投喂量根据吃食情况进行调整，进食时间控制在 0.5～1 小时。日常加强巡塘，尤其是每年暴雨季节，及时进行排水，合理控制水位。

6. 收获

莲蓬成熟后分批进行采摘上市。

三、养殖效益分析

2022 年开展池塘莲-鳖共生模式的面积为 20 亩，莲子产量共计 1320 kg，平均每亩产量为 66 kg，收购价为 25 元/kg，亩产值为 1650 元，总产值为 33000 元。鳖通过生态模式养殖，产量共计 2460 kg，亩产 123 kg，售价约 200 元/kg，亩产值 24600 元，总产值为 492000 元。除去生产成本及前期基础设施建设折旧，每亩纯收益在 1 万元以上，经济效益较为可观。

四、经验和心得

池塘莲-鳖共生模式相比较传统种莲与养鳖而言，产品品质更好、更健康，产值有所提升，经济效益也更好，土地利用率相对提高。但共生模式在生产管理方面需要更加严谨，要加强日常管理，时刻关注养殖状态，尤其是鳖的生长情况，合理调整水位以协调莲-鳖共生。

第九节　望城区茭白-鳖共育综合种养实例

一、养殖实例基本信息

湖南金成水乡生态农业有限公司位于长沙市望城区高塘岭街道六合围

村，创办于 2003 年，经过多年的努力与发展，现已成为一家集特色水产禽类养殖、特色农产品种植、农产品初加工、旅游观光、生态休闲于一体的大型生态农业观光基地，总面积达 1800 亩。其中仿野生生态鳖综合养殖面积 200 亩，垂钓休闲娱乐场所 350 亩，小龙虾养殖面积 1230 亩，无公害蔬菜种植面积 105 亩，以及年出栏数 1000 头的生态猪场 1 个。

金成水乡根据"实际、实用、实效"的原则，因地制宜，积极探索出一套行之有效的生态循环模式，实现种养殖污染零排放。金成水乡被评为长沙百里水产走廊建设的重点项目、全国科普惠农兴村先进单位、全国巾帼农业科技示范基地、农业部水产健康示范养殖场、湖南省农村科普示范基地、湖南省小龙虾产业园省级示范园、长沙市农业产业化重点龙头企业、湖南省四星级农庄，同时也是望城国家级农业科技园区示范基地、高校毕业生就业见习定点单位、长沙市休闲农业协会理事单位、望城区乡村旅游定点接待单位。

公司从中华鳖苗种繁育到种苗培育成鳖养殖，全过程自繁自养，并通过餐饮推出"红烧甲鱼"特色菜，深受消费者欢迎，"水乡特色甲鱼"荣获长沙市 2022 年网选十大"最美乡味"，市场供不应求。

茭白是我国原产多年生的浅水宿根草本植物，是江南特产水生蔬菜，因其味道鲜美、营养丰富而受到城乡居民的喜爱。2018 年开始，公司选择地势低洼、土壤肥沃、排灌方便的 4.5 亩低洼地开展茭白-鳖共育生态综合种养。该模式是种植业和养殖业有机结合、显著提高综合效益的一种生态生产模式，既保证茭白种植面积产量效益，又充分利用茭白田的空间和水体，以及茭白田间的生物饵料套养生态鳖，达到生态循环、资源综合利用的目标。

二、综合种养与收获情况

1. 田间工程

田块改造：根据面积大小在田块内开挖"田"或"井"字形沟，沟宽 1.0～1.2 m，沟深 0.5 m，田沟之间相互连通，排灌方便。茭白田四周用瓷砖设置 0.5 m 高的防逃设施，茭白田进出水口用铁丝网等做好防逃处理。

2. 茭田消毒

每年开春时节茭白田按每亩 75～100 kg 生石灰消毒杀菌。

3. 茭白种植

每年 3 月下旬至 4 月上旬，采用等距种植方式定植单季茭白，定植行距

1.0～1.2 m，株距0.6～0.8 m，每亩定植茭白苗约1500株，茭白定植前7～10天施用基肥，每亩施商品有机肥约500 kg，追肥分别在缓苗后、分蘖期、孕茭初期等根据茭白苗生长情况施缓释氮肥15～20 kg或配方肥50～75 kg。按照"浅—深—浅"的原则，根据茭白苗定植至分蘖前中期保持浅水位，分蘖后期至孕茭期加深至深水位，采收期浅水位的要求实施水位控制管理。

4. 鳖的养殖

每年5月中旬左右，放养规格为250～500 g 2冬龄鳖种，鳖种来源于公司自繁自育品种，体表光洁、体质健壮、活力旺盛。每亩放养数量为150～160只，单一放养雄鳖。鳖放养前半月茭田按每亩30～50 kg用生石灰消毒，鳖种下田前用15～20 mg/L高锰酸钾溶液或2‰～3‰食盐水浸泡消毒。根据茭白田间及水体生物量情况，在6—9月鳖生长旺季，可适当补充或投喂配合饲料、小鱼虾、小龙虾、泥鳅、螺蚌类等鲜活生物，促进鳖摄食生长。

5. 种养收获

茭白采收：每年10月前后，当孕茭部位明显膨大，叶鞘一侧被肉质茎挤开，露白0.5～1.0 cm时即可开始采收茭白，采收期约30天，采收时先折断茎管或用镰刀收割，注意不要伤害相邻的分蘖，也不能伤及根系，以免影响第二年生长。

鳖的捕捞：根据市场需要可以采用钩捕、放地笼等多种方式捕大留小，捕捞商品鳖随时上市，也可以采用秋后干池捕捞的方式全部捕捉上市。

三、养殖效益分析

2021年4.5亩茭白田共采收茭白4560 kg，每亩1013.3 kg，上市平均售价约11元/kg，每亩产值11146元；共捕捞中华鳖608 kg，每亩135 kg，上市平均售价160元/kg；每亩产值21600元；茭白-鳖共育综合种养每亩总产值32746元，除去生产成本及前期基础设施建设，每亩纯收益在1.2万元以上，经济效益十分可观。

四、经验和心得

茭白-鳖共育综合种养模式，充分利用了茭白田的水陆空间结构，提高了土地资源的利用率，既保证了茭白的产量，又通过鳖的生态养殖显著提高了经济效益，并通过种养结合、生态循环实现了农业生产"减肥、减药、提质、增效"与生态环保，又明显提升了农产品质量品质和市场认可度，具有显著的社会、经济和生态效益。不足之处是综合种养中鳖的生长周期较长，鳖从孵化出苗到商品上市（1 kg 以上）一般需要 3～4 年，生产投入周期较长，茭白种植采收、鳖的捕捞、日常生产管理维护等劳力投入较多，生产成本投入时间较长，等等。农业经营主体借鉴应用时需注意考虑。

公司通过自繁自养生产生态甲鱼，再通过餐饮加工美食，延长产业链，增加了附加值，产品供不应求，效益十分显著，值得学习。

第十节　望城区再生稻-鳖综合种养实例

一、种养实例基本信息

湖南省金成水乡生态农业有限公司位于长沙市望城区高塘岭街道六合围村，创办于 2003 年，经过多年的努力与发展，现已成为一家集特色水产禽类养殖、特色农产品种植、农产品初加工、旅游观光、生态休闲于一体的大型生态农业观光基地，总面积达 1800 亩。公司致力于中华鳖生态养殖，开展稻田综合种养，2022 年种植再生稻 53 亩，并开展稻鳖综合种养，取得了较好的效果。

再生稻种植，即头季水稻收割后，利用稻桩重新发苗、长穗，再收一季的水稻。再生稻是水稻种植的一种模式，在中国有着悠久的种植历史，适合种植再生稻的地区主要是阳光和热度不够种植两季稻，但是种植一季稻又有多的地区。再生稻在原有的根系上再次生长，相当于省去了二季稻种植地区从收割完第一季稻到第二季稻生长中期的这段时间（因此它叫再生稻，而不是两季水稻）。这些一季有多的地区就可以种再生稻，从而增加水稻产量。发展再生稻是确保中国未来粮食安全的一个重要举措。

二、放养模式与收获情况

1. 田间工程

稻田改造：根据稻田面积大小，在田块一侧开挖水凼，深 1.5 m，水凼面积约占稻田总面积的 10%，水凼与稻田之间筑一田埂，宽度 1 m，作为鳖的食台和晒背场所。稻田四周用红砖设防逃设施。

2. 再生稻种植与收获

选择抽穗期抗高温能力、抗倒伏能力、抗病能力、再生能力及生育期

图 10-6　再生稻-鳖共生种养

适应强性的高产再生稻品种——"隆晶优 1212"。

2022 年 4 月 6 日直接播种，每亩用种量 2 kg。参照早稻栽培技术进行管理。每亩用 40％复合肥 30 kg，在 3～4 叶时每亩追尿素 7 kg，在晒田复水后、抽穗前每亩追 40％复合肥 10 kg、钾肥 7 kg，前季收割后立即进水，每亩追尿素 15 kg。前季收割前 10 天左右晒田，前季收割后要立即灌水追肥，以利于再生稻芽快发。其他时期管水与其他大田相同。

8 月 15 日前收割头季稻，留桩高度 25～30 cm。再生季稻 10 月下旬收割完毕。

3. 鳖养殖与收获

4 月中旬，放养规格为 150～200 g 的 2 冬龄鳖种，鳖种来源于公司自繁自育品种，体表光洁、体质健壮、活力旺盛。每亩放养数量为 200 只，雌雄分开放养。鳖放养前半月稻田按每亩 30～50 kg 用生石灰消毒，鳖种下田前用 2％～3％食盐水浸泡消毒。根据稻田及水体生物情况，在 6—10 月鳖生长旺季，适当补充或投喂配合饲料、小鱼虾、小龙虾、泥鳅、螺蚌类等鲜活生物，促进鳖摄食生长。

10 月下旬，对养殖鳖进行捕捞测产，经过 6 个多月的养殖，鳖的个体规格从 400～750 g 不等，80％的个体规格约 500 g。

三、效益分析

水稻种植收益。种植再生稻头季稻谷稳定在 550 kg/亩左右，再生季稻谷产量为 200 kg/亩左右，两季加起来平均亩产为 750 kg，生态稻谷直接收购上市价格约 8 元/kg，年产值约 6000 元。

中华鳖养殖收益。经过测产，每亩获得 100 kg 鳖产量，净增重约 60 kg。按 120 元/kg 计算，鳖产值 12000 元。

每亩成本：鳖苗种成本 4500 元，稻田租金 800 元，水稻种子、化肥、农药等 300 元，饲料费 1500 元，人工、水电等其他开支 1000 元，合计 8100 元。总收入 18000 元，减去总成本 8100 元，每亩纯收益 9900 元。

四、经验和心得

再生稻-鳖综合种养模式，是一种绿色生态的种养模式，充分利用了稻田的水陆空间结构，提高了土地资源的利用率，既保证了稻的产量，提高了水稻的品质，增加了生态稻米的市场竞争力，又通过鳖的生态养殖，有效减少了农药和化肥的使用量，减少了人工除草成本，有效降低了生产成本，提升了稻米和鳖的品质，显著提升了农产品市场认可度，具有显著的社会、经济和生态效益。

第十一节　屈原管理区茭白-鳖共生综合种养实例

一、实例基本情况

宜斌特种养殖农民专业合作社龟鳖生态养殖场已建设选择地处有"鱼米之乡"美称的洞庭湖区——屈原管理区建立中华鳖种苗复纯养殖基地。洞庭湖得天独厚优良的水质、气候、土壤，非常适宜龟、鳖的生长。养殖基地于 2018 年 11 月开始施工建设，2019 年 8 月正式注册成立合作社，注册资金 600 万元。在 2020 年成功申请了"沙玉湖"生态鳖品牌。主要从事发展特色水产行业龟、鳖生态养殖技术的研究、示范和推广。湖北省监利育青养殖场按照野生龟鳖习性进行配种繁育，经过 20 多年努力，终于形成了优质种群繁育的供应链体系，为合作社提供 5 年以上纯种中华鳖、龟孵化的体质健壮、无病无伤的特色纯种中华鳖、龟苗。养殖面积 200 亩，年产鳖 50000 kg，产值达 600 万元，主要以池塘和稻田茭白与鳖共生综合种养模式为主。形成了中华鳖选种、养殖、种蛋孵化、幼苗、成鳖养殖的一条龙生产及产、供、销一体化的经营模式，产值达 2000 万元。合作社除了生态养殖基地外，还向湖南、湖北多地区的养殖基地供蛋和供苗，商品鳖的销售除了在本省各地、市、县外，已远销湖南、湖北、广东、海南、安徽、浙江、江苏、上海等，形成了从种蛋、幼苗到成鳖，由电话订购到网上订购的立体网络销售渠道。合作社在发展自身的同时，坚持"能效渔业、生态养殖"的发展思路和"合作社＋基地＋农户"的产业化模式，坚定不移地发展特色水产生态养殖。在给养殖户带来良好经济效益的同时也给广大的消费者提供了高品质的生态鳖。

二、种养模式与收获情况

1. 稻田的改造

在稻田四周开沟，深度约 50 cm，宽约 4 m。稻田四周在离田埂 50 cm 的地方设 100 cm 高的铁丝网，防止鳖逃逸。

2. 茭白种植

3 月底到 4 月初开始种植茭白，茭白选择当地高产、抗病虫能力强、适宜在水田种植的良种，按宽行 2 m，窄行 1 m，集中在水沟外的稻田区域栽种。

3. 鳖的放养

鳖苗自繁自育，先将鳖苗在繁育场地培育至 400～500 g。在放养鳖前用浓度为 2‰～3‰的食盐水浸浴 3～5 分钟。每亩投放规格为 400～500 g 的中华鳖 250 kg 左右，且公、母分开养殖。

4. 养殖管理

在生产过程中基本不使用任何复合肥、化肥。投喂配合饲料、鲜活蚯蚓、螺蚬、小杂鱼、螺蛳、小龙虾等天然饵料。

日常多注意观察、检测水质并及时换水，在高温季节，最好每周换水一次。

鳖病采用"预防为主，防治结合"的原则，注意防逃、防盗等。每天围绕田块巡视一周，重点查看围网是否破损、进排水口是否堵塞、是否有敌害生物入侵，并观察鳖的活动是否异常，对破损的围网及时修补，及时清理进排水口。当有蛇、水獭等敌害生物时，应进行驱赶或捕捉，减少损失。对于活动异常的鳖要进行相应处理，对于发病鳖，通过泼洒石灰水、饲料中添加中草药等方式防治。

5. 收获情况

茭白采集：一般在9月底10月初开始放低水位，选择已经"露白"（孕茭部位显著膨大，心叶相聚，两片叶向茎合拢，假茎露出1～2 cm的洁白茭肉时，称为露白）的茭白开始采集。采集时要一手按住根部，一手把茭白向垂直方向扭拧，不要影响其他植株的生长。

鳖的捕捞：11月茭白采集结束后，在鳖上市时将水排干进行人工捕捞，将鳖全部捕捉上市。部分鳖可放入冷库让其进入冬眠模式低温保存，避免大规模上市使鳖的价格被压低。

三、效益分析

目前合作社茭白-鳖共生模式下，中华鳖的生长周期相对较长，从幼鳖培育到上市需要3年时间，因此在开始的3年是投资准备期，后面就可以进入循环收获期，每年开始出成品的中华鳖。2022年11月，1块6亩的茭白田，捕捞鳖约3000 kg，每亩500 kg，上市价格一般在120元/kg，每亩产值约60000元；每亩采集茭白约1000 kg，按10元/kg计算，产值约10000元。茭白、鳖共生模式每亩总产值约70000元，除去各项苗种、饲料、池塘租金、水电、人工等成本约54000元，每亩的纯收入在16000元左右。

四、经验和心得

在生活中人们对茭白的需求广泛，茭白是一种可食用的水生蔬菜，它的适应能力强，在整个生长期间不断水，符合鳖常年养殖的条件。根据茭白不同的生长发育阶段，水位一般控制在5～20 cm，非常适宜鳖的生长；同时，茭白的病虫害数量少，危害程度轻，可以通过紫外灯诱杀、生态调控等措施控制，不必使用高毒农药，保障了鳖的安全。鳖是杂食性爬行动物，如果靠纯投食养殖，食物单一、生长慢，还容易导致水体发臭变脏，采用茭白套种的方法，充分地利用了动植物之间的互补效益。鳖在泥土里活动即能松土，又能使泥水溶氧含量充足，粪便还能为茭白提供肥料，利于茭白新根发育和提前分蘖。且6—9月的鳖最活跃，它们在草丛、泥地以及水塘深处，捕捉草茎、螺蛳、鱼虾等为食。11月以后，茭白被收割上市，正好不影响深泥里冬眠的鳖，二者形成了时空上的互补，因此，"茭白＋鳖"套养不仅对茭白有一定的增产作用，而且充分利用茭白田中的水体空间生产出优质生态鳖，既提高了经济效益，又实现了生态上的自然循环。

第十二节　屈原管理区小龙虾与中华鳖轮作实例

一、养殖实例基本情况

岳阳市屈原管理区蓑衣湖紫薇家庭农场于 2010 年由 6 亩池塘高密度养殖中华鳖的家庭养殖户起步，在养殖中发现了高密度养殖用药量太大，发病率高的弊病。后来在渔业部门专家的建议及当地合作社的带领下，农场转换成目前在稻田里轮养龙虾与中华鳖、混养中华鳖与乌龟的模式，并搭配少部分存塘的野生黄鳝、泥鳅等，形成独特的生态模式。该场现有 58 亩池塘和稻田，年产中华鳖 3000 kg，小龙虾 6000 kg，龟 1000 kg，产值达 80万元。于 2020 年成立了家庭农场，在 2021 年被评为市级示范农场。

二、放养模式与管理

1. 稻田准备

选用 5～10 亩的稻田，基本按小龙虾养殖要求进行准备，四周挖环形水沟，上宽 3 m，下宽 1 m，深 0.8 m，田埂采取以低价处理瓷砖深埋的防逃措施。中间种植水稻或水生植物，并搭配水葫芦等净化水质。

2. 养殖模式

2 月底 3 月初放养小龙虾本地繁育的早苗，4 月底 5 月初收获小龙虾结束以后，再投入规格为 0.5 kg 左右的中华鳖 50 只/亩，年底捕捞上市。小龙虾喂养以饲料为主，中华鳖则以生态养殖模式为主，主要以田螺、野杂鱼、虾，搭配部分的龙虾壳和下脚料等为饲料。

如果稻田水草过于茂盛，也可以搭配少量草龟，减少水草的占比。黄鳝、泥鳅主要投放当地野生品种，自繁自养，仅在每年 3 月以地笼收获一次。

3. 日常管理

主要是日常巡视，加强防范，注意水质变化情况，用简单的水质检测试剂，每 3 天进行一次水质检测。小龙虾按照早苗饲养一季模式进行管理，中华鳖饲养管理则需要注意水温、水位的变化，防范水位太高，导致鳖逃脱。

4. 收获情况

小龙虾主要是以地笼进行捕捞。到下半年中华鳖捕捞季节可以根据需要进行地笼或者钩打捕捞，但最主要的还是集中在年底放水干塘捕捞，捕捞后可直接上市，也可囤积在一个塘里按需求进行销售。

三、效益分析

2022 年在 10 亩的稻田里，小龙虾下苗 15 kg/亩，规格 160～300 尾/kg，价格 44 元/kg；出成品虾 1000 kg，市场价格在 24 元/kg，收入约 24000 元；中华鳖 50 只/亩，年底一般在 1.5 kg 左右开始上市，收获 750 kg，市场价格 160 元/kg，收入约 120000 元；除去苗种、饲料、人工、田租成本约 65000 元，最终盈利约 79000 元。放养的黄鳝和泥鳅在第一年有投入，后期基本无须成本，每年还能增加 2000 元左右的收入，折合每亩 200 元。合计纯利润在 8100 元/亩（稻田依旧按国家要求种植水稻，基本成本和收入持平，所以不在这里进行效益分析）。

四、经验与心得

小龙虾和中华鳖轮养模式大大提高了稻田或池塘的利用率，而且也大大减少了小龙虾在脱壳期间被中华鳖捕食的概率。当然中华鳖也会捕食少量的小龙虾，但这种模式养出来的中华鳖，品质接近野生中华鳖，卖相非常好，吃掉少量的小龙虾并不会造成总收益的减少。中华鳖喜欢捕食螺、蚌、蚯蚓等，中华鳖的活动可以加速底泥中的有害物质分解，利于改善底质，中华鳖也会捕食一定的野杂鱼，减少杂鱼和小龙虾争食，提高小龙虾饲料利用率，更加利于第二年小龙虾生长。

中华鳖之间存在相互攻击导致受伤，不但会影响中华鳖生长，且影响其销售价格。可以将受伤的中华鳖放至乌龟塘里让其慢慢恢复。

黄鳝、泥鳅的搭配是对养殖模式的补充，是增加池塘效益的一种方法，而且只需要第一次投入相应的苗种，后期基本不用过多地管理。

参考文献

[1] 周婷，王伟. 中国龟鳖养殖原色图谱[M]. 北京：中国农业出版社，2009.

[2] 顾博贤. 中国甲鱼经[M]. 北京：中国文联出版社，2012.

[3] 陈兴乾，陈钦培. 龟鳖养生本草[M]. 哈尔滨：哈尔滨出版社，2010.

[4] 周婷，李丕鹏. 中国龟鳖分类原色图鉴[M]. 北京：中国农业出版社，2013.

[5] 徐海圣. 中华鳖高效健康养殖技术[M]. 杭州：浙江大学出版社，2013.

[6] 蒋业林. 甲鱼健康养殖新技术[M]. 北京：金盾出版社，2014.

[7] 周嗣泉. 龟鳖营养需求与饲料配制技术[M]. 北京：化学工业出版社，2016.

[8] 江苏省淡水水产研究所. 中华鳖养殖一月通[M]. 北京：中国农业大学出版社，2011.

[9] 朱道玉，吴红松. 中华鳖精巢发育的组织学观察[J]. 安徽农业科学，2009，37（22）：10522-10524，10677.

[10] 曾丹，王晓清. 中华鳖遗传育种研究现状及进展[J]. 湖南师范大学自然科学学报，2017，4（40）：40-44.

[11] 朱徐燕，任国华，周波，等. 莲藕-甲鱼套养的关键技术[J]. 浙江农业科学，2017，58（03）：482-483.

[12] 俞朝. 双季茭白套养中华鳖新型生态高效栽培技术[J]. 长江蔬菜，2015（22）：126-128.

[13] 彭刚. 生态高效养鳖新技术[M]. 北京：化学工业出版社，2020.

附录 A 渔业水质标准（GB 11607—1989）

中华人民共和国国家标准

GB 11607—1989

渔 业 水 质 标 准

Water quality standard for fisheries

为贯彻执行中华人民共和国《环境保护法》《水污染防治法》和《海洋环境保护法》《渔业法》，防止和控制渔业水域水质污染，保证鱼、虾、贝、藻类正常生长、繁殖和水产品的质量，特制订本标准。

1 主题内容与适用范围

本标准适用于鱼虾类的产卵场、索饵场、越冬场、洄游通道和水产增养殖区等海、淡水的渔业水域。

2 引用标准

GB 5750 生活饮用水标准检验法

GB 6920 水质 pH 值的测定 玻璃电极法

GB 7467 水质 六价铬的测定 二碳酰二肼分光光度法

GB 7468 水质 总汞测定 冷原子吸收分光光度法

GB 7469 水质 总汞测定 高锰酸钾-过硫酸钾消除法 双硫腙分光光度法

GB 7470 水质 铅的测定 双硫腙分光光度法

GB 7471 水质 镉的测定 双硫腙分光光度法

GB 7472 水质 锌的测定 双硫腙分光光度法

GB 7474 水质 铜的测定 二乙基二硫代氨基甲酸钠分光光度法

GB 7475 水质 铜、锌、铅、镉的测定 原子吸收分光光度法

GB 7479 水质 铵的测定 纳氏试剂比色法

GB 7481 水质 氨的测定 水杨酸分光光度法

GB 7482 水质 氟化物的测定 茜素磺酸锆目视比色法

GB 7484 水质 氟化物的测定 离子选择电极法

GB 7485 水质 总砷的测定 二乙基二硫代氨基甲酸银分光光度法

GB 7486 水质 氰化物的测定 第一部分：总氰化物的测定

GB 7488 水质 五日生化需氧量（BOD5） 稀释与接种法

GB 7489 水质 溶解氧的测定 碘量法

GB 7490 水质 挥发酚的测定 蒸馏后 4-氨基安替比林分光光度法

GB 7492 水质 六六六、滴滴涕的测定 气相色谱法

GB 8972 水质 五氯酚钠的测定 气相色谱法

GB 9803 水质 五氯酚的测定 藏红 T 分光光度法

GB 11891 水质 凯氏氮的测定

GB 11901 水质 悬浮物的测定 重量法

GB 11910 水质 镍的测定 丁二铜肟分光光度法

GB 11911 水质 铁、锰的测定 火焰原子吸收分光光度法

GB 11912 水质 镍的测定 火焰原子吸收分光光度法

3 渔业水质要求

3.1 渔业水域的水质，应符合渔业水质标准（表 A.1）

表 A.1 渔业水质标准

项目序号	项目	标准值
1	色、臭、味	不得使鱼、虾、贝、藻类带有异色、异臭、异味
2	漂浮物质	水面不得出现明量油膜或浮沫
3	悬浮物质	人为增加的量不得超过 10，面且悬浮物质沉积于底部后，不得对鱼、虾、贝类产生有害的影响
4	pH 值	淡水 6.5～8.5，海水 7.0～8.5
5	溶解氧	连续 24 h 中，16 h 以上必须大于 5，其余任何时候不得低于 3，对于鲑科鱼类栖息水域冰封期其余任何时候不得低于 4
6	生化需氧量（五天、20 ℃）	不超过 5，冰封期不超过 3
7	总大肠菌群	不超过 5000 个/L（贝类养殖水质不超过 500 个/L）
8	汞	$\leqslant 0.0005$ mg/L
9	镉	$\leqslant 0.005$ mg/L

续表

项目序号	项目	标准值
10	铅	≤0.05 mg/L
11	铬	≤0.1 mg/L
12	铜	≤0.01 mg/L
13	锌	≤0.1 mg/L
14	镍	≤0.05 mg/L
15	砷	≤0.05 mg/L
16	氰化物	≤0.005 mg/L
17	硫化物	≤0.2 mg/L
18	氟化物（以 F⁻ 计）	≤1 mg/L
19	非离子氨	≤0.02 mg/L
20	凯氏氨	≤0.05 mg/L
21	挥发性酚	≤0.005 mg/L
22	黄磷	≤0.001 mg/L
23	石油类	≤0.05 mg/L
24	丙烯腈	≤0.5 mg/L
25	丙烯醛	≤0.02 mg/L
26	六六六（丙体）	≤0.002 mg/L
27	滴滴涕	≤0.001 mg/L
28	马拉硫磷	≤0.005 mg/L
29	五氯酚钠	≤0.01 mg/L
30	乐果	≤0.1 mg/L
31	甲胺磷	≤1 mg/L
32	甲基对硫磷	≤0.0005 mg/L
33	呋喃丹	≤0.01 mg/L

3.2　各项标准数值系指单项测定最高允许值。

3.3　标准值单项超标，即表明不能保证鱼、虾、贝正常生长繁殖，并

产生危害，危害程度应参考背景值、渔业环境的调查数据及有关渔业水质
基准资料进行综合评价。

　　4　渔业水质保护

　　4.1　任何企、事业单位和个体经营者排放的工业废水、生活污水和有
害废弃物，必须采取有效措施，保证最近渔业水域的水质符合本标准。

　　4.2　未经处理的工业废水，生活污水和有害废弃物严禁直接排入鱼、
虾类的产卵场、索饵场、越冬场和鱼、虾、贝、藻类的养殖场及珍贵水生
动物保护区。

　　4.3　严禁向渔业水域排放含病原体的污水；如需排放此类污水，必须
经过处理和严格消毒。

　　5　标准实施

　　5.1　本标准由各级渔政监督管理部门负责监督与实施，监督实施情
况，定期报告同级人民政府环境保护部门。

　　5.2　在执行国家有关污染物排放标准中，如不能满足地方渔业水质要
求时，省、自治区、直辖市人民政府可制定严于国家有关污染排放标准的
地方污染物排放标准，以保证渔业水质的要求，并报国务院环境保护部门
和渔业行政主管部门备案。

　　5.3　本标准以外的项目，若对渔业构成明显危害时，省级渔政监督管
理部门应组织有关单位制订地方补充渔业水质标准，报省级人民政府批准，
并报国务院环境保护部门和渔业行政主管部门备案。

　　5.4　排污口所在水域形成的混合区不得影响鱼类洄游通道。

　　6　水质监测

　　6.1　本标准各项目的监测要求，按规定分析方法（表 A.2）进行监测。

　　6.2　渔业水域的水质监测工作，由各级渔政监督管理部门组织渔业环
境监测站负责执行。

表 A.2　渔业水质分析方法

序号	项目	测定方法	试验方法编号
1	悬浮物质	重量法	GB 11901
2	pH 值	玻璃电极法	GB 6920
3	溶解氧	碘量法	GB 7489
4	生化需氧量	稀释与接种法	GB 7488
5	总大肠菌群	多管发酵法滤膜法	GB 5750

续表 1

序号	项目	测定方法	试验方法编号
6	汞	冷原子吸收分光光度法 高锰酸钾-过硫酸钾消解 双硫腙分光光度法	GB 7468 GB 7469
7	镉	原子吸收分光光度法 双硫腙分光光度法	GB 7475 GB 7471
8	铅	原子吸收分光光度法 双硫腙分光光度法	GB 7475 GB 7470
9	铬	二苯碳酰二肼分光光度法（高锰酸盐氧化）	GB 7467
10	铜	原子吸收分光光度法 二乙基二硫代氨基甲酸钠分光光度法	GB 7475 GB 7474
11	锌	原子吸收分光光度法 双硫踪分光光度法	GB 7475 GB 7472
12	镍	火焰原子吸收分光光度法 丁二铜肟分光光度法	GB 11912 GB 11910
13	砷	二乙基二硫代氨基甲酸银分光光度法	GB 7485
14	氰化物	异烟酸－吡啶啉酮比色法　吡啶－巴比妥酸比色法	GB 7486
15	硫化物	对二甲氨基苯胺分光光度法[1]	
16	氟化物	茜素磺酸锆目视比色法 离子选择电极法	GB 7482 GB 7484
17	非离子氨[2]	纳氏试剂比色法 水杨酸分光光度法	GB 7479 GB 7481
18	凯氏氮		GB 11891
19	挥发性酚	蒸馏后 4-氨基安替比林分光光度法	GB 7490
20	黄磷		
21	石油类	紫外分光光度法[3]	
22	丙烯腈	高锰酸钾转化法[3]	
23	丙烯醛	4-已基间苯二酚分光光度法[1]	
24	六六六（丙体）	气相色谱法	GB 7492
25	滴滴涕	气相色谱法	GB 7492

续表 2

序号	项目	测定方法	试验方法编号
26	马拉硫磷	气相色谱法[1)	
27	五氯酚钠	气相色谱法 藏红剂分光光度法	GB 8972 GB 9803
28	乐果	气相色谱法[3)	
29	甲胺磷		
30	甲基对硫磷	气相色谱法[3)	
31	呋喃丹		

注：暂时采用下列方法，待国家标准发布后，执行国家标准。

1）渔业水质检验方法为农牧渔业部 1983 年颁布。

2）测得结果为总氨浓度，然后按表 A.3、表 A.4 换算为非离子氨浓度。

3）地面水水质监测检验方法为中国医学科学院卫生研究所 1978 年颁布。

总氨换算表
（补充）

表 A.3　氨的水溶液中非离子氨的百分比

温度/℃	pH 值								
	6.0	6.5	7.0	7.5	8.0	8.5	9.0	9.5	10.0
5	0.013	0.040	0.12	0.39	1.2	3.8	11	28	56
10	0.019	0.059	0.19	0.59	1.8	5.6	16	37	65
15	0.027	0.087	0.27	0.86	2.7	8.0	21	46	73
20	0.040	0.13	1.40	1.2	3.8	11	28	56	80
25	0.057	0.18	1.57	1.8	5.4	15	36	64	85
30	0.080	0.25	2.80	2.5	7.5	20	45	72	89

表 A.4　总氨（$NH_4^+ + NH_3$）浓度，其中非离子氨浓度 0.020 mg/L（NH_3）

mg/L

温度/℃	pH 值								
	6.0	6.5	7.0	7.5	8.0	8.5	9.0	9.5	10.0
5	160	51	16	5.1	1.6	0.53	0.18	0.071	0.036
10	110	34	11	3.4	1.1	0.36	0.13	0.054	0.031
15	73	23	7.3	2.3	0.75	0.25	0.093	0.043	0.027
20	50	16	5.1	1.6	0.52	0.18	0.070	0.036	0.025
25	35	11	3.5	1.1	0.37	0.13	0.055	0.031	0.024
30	25	7.6	2.5	0.81	0.27	0.099	0.045	0.028	0.022

附加说明：

本标准由国家环境保护局标准处提出。

本标准由渔业水质标准修订组负责起草。

本标准委托农业部渔政渔港监督管理局负责解释。

附录 B　中华鳖池塘养殖技术规范
（GB/T 26876—2011）

1　范围

本标准规定了中华鳖（*Pelodiscus sinensis* Wiegmann）养殖的术语和定义、环境条件、亲鳖培育、繁殖孵化、苗种培育与养成、捕捞及产品质量。

本标准适用于中华鳖的池塘养殖。

2　规范性引用文件

下列文件对于本文件的应用是必不可少的。凡是注日期的引用文件，仅注日期的版本适用于本文件。凡是不注日期的引用文件，其最新版本（包括所有的修改单）适用于本文件。

GB 13078　饲料卫生标准

GB/T 18407.4　农产品安全质量 无公害水产品产地环境要求

GB 21044　中华鳖

NY 5051　无公害食品　淡水养殖用水水质

NY 5066　无公害食品　龟鳖

NY 5071　无公害食品　渔用药物使用准则

NY 5072　无公害食品　渔用配合饲料安全限量

SC/T 1047　中华鳖配合饲料

SC/T 9101　淡水池塘养殖水排放要求

3　术语和定义

下列术语和定义适用于本文件。

3.1　稚鳖 larval soft-shelled turtle

体重 50 g 以下的中华鳖。

3.2　幼鳖 juvenile soft-shelled turtle

体重 50～250 g 的中华鳖。

3.3　成鳖 adult soft-shelled turtle

体重 250 g 以上的中华鳖。

3.4　亲鳖 brood soft-shelled turtle

用于人工繁育的性成熟的中华鳖。

4　环境条件

4.1　场地选择

养殖场地应符合 GB/T 18407.4 的规定，并选择环境安静、交通方便的地方建场，建有独立进、排水系统。

4.2　养殖用水

水源充足无污染，水质应符合 NY 5051 的要求。

4.3　鳖池

分土池和水泥壁池两种，以建成背风向阳、东西走向的长方形为宜。各类鳖池的设计参数详见表 B.1。

表 B.1　鳖池的设计参数

鳖池类型		面积/m²	池深/m	水深/m	池堤	
					坡度/°	堤面宽/m
土池	稚鳖池	500～1500	1.2～1.5	0.8～1.0	20～30	2.5～3.0
	幼鳖池	1500～3000	1.5～2.0	1.0～1.5		
	成鳖池	1500～5000	2.0～2.5	1.5～2.0		
水泥壁池	稚鳖池	50～200	1.2～1.5	0.8～1.0	70～90	0.5～1.5
	幼鳖池	500～1500	1.5～2.0	1.0～1.5		
	成鳖池	500～5000	2.0～2.5	1.5～2.0		
	亲鳖池	2000～7000				
亲鳖池建产卵房一侧的堤面宽度不少于2m。						

4.4　防逃设施

土池用内壁光滑、坚固耐用的材料将各个养殖池围拦。围拦设施距塘边 50 cm 以上的池堤上，高出堤面 40～50 cm，竖直埋入土中 15～20 cm，池塘四角处围成弧形。水泥壁池池壁顶端用水泥板或砖块向内压檐 10～15 cm。池塘进、排水口处安装金属或聚乙烯的防逃拦网。

4.5　晒台

在鳖池向阳面利用池坡用砖块或水泥板使池边硬化，做成与池边等长、宽约 1 m 的斜坡；或用木材或竹板做成浮排形晒台，固定于池中水面。

4.6　食台

土池采用水泥瓦楞板（65 cm×140 cm）作食台，食台数量按照稚鳖计划放养量每 200 只铺设一块，均匀铺设于池塘四周，食台背面与水面成 20°～30°夹角，食台一半淹于水下，一半露出水面。水泥壁池采用 3 cm×4 cm 木条钉成长 3 m、宽 1～2 m 木框，上覆规格为 12 孔/cm（相当于 30 目）夏花网布沿池壁用竹桩固定，露出水面的食台背面与水面成 15°夹角。

4.7　产卵房

在亲鳖池向阳的一边池埂上修建产卵房，要求防水防阳光直射。产卵房大小应根据雌鳖总数而定，每 100～120 只雌鳖建 2 m² 的产卵房，房高 2 m，房内铺厚约 30 cm 的细沙，沙面与地面持平，由鳖池铺设坡度小于 30°的斜坡至产卵房。

5　亲鳖培育

5.1　鳖池清整

排干池水，检修防逃设施，保持池底有 20 cm 左右软泥；每 667 m² 鳖池施用生石灰 100～150 kg，化浆后全池泼洒，再曝晒 7～10 天。

5.2　亲鳖来源

亲鳖来源有以下途径：

——中华鳖原（良）种场生产或从原（良）种场引进的中华鳖苗种培育而成。

——从中华鳖天然种质资源库或未经人工放养的天然水域捕捞，或从上述水域采集的中华鳖苗种培育而成。

5.3　亲鳖选择

5.3.1　种质

种质应符合 GB 21044 的规定。

5.3.2　外观

体形完整，体色正常，皮肤光亮，裙边宽阔有弹性，翻身灵活，体质健壮；无伤残，无畸变，无病灶。

5.3.3　年龄和体重

年龄 3 冬龄以上，体重大于 1.0 kg。

5.3.4　雌、雄鳖鉴别

雌鳖尾短，自然伸直达不到裙边；体厚，后腿之间距离较宽。

雄鳖尾长而粗壮，自然伸直超出裙边 1 cm 以上；体较雌鳖薄，后腿之间距离较窄。

5.4 放养

5.4.1 放养密度

放养密度一般为每 667 m² 水面 200～300 只。

5.4.2 雌、雄鳖比例

雌、雄鳖的放养比例为 4∶1～7∶1。

5.4.3 放养时间

选择在水温 5 ℃～15 ℃的晴天进行。

5.4.4 放养前消毒

常用体表消毒方法有以下两种，可任选一种：

——高锰酸钾：15～20 mg/L，浸浴 15～20 min。

——1%聚维酮碘：30 mg/L，浸浴 15 min。

5.4.5 放养方法

将经消毒的鳖用箱或盆运至鳖池水边，倾斜盛鳖容器口，让鳖自行游入鳖池。

5.5 饲养管理

5.5.1 投饲管理

5.5.1.1 饲料种类

亲鳖饲料种类有：

——配合饲料；

——动物性饲料：鲜活鱼、虾、螺、蚌、蚯蚓等；

——植物性饲料：新鲜南瓜、苹果、西瓜皮、青菜、胡萝卜等。

5.5.1.2 饲料质量

配合饲料的质量应符合 SC/T 1047 的规定。各种饲料的安全卫生指标，应符合 GB 13078 和 NY 5072 的规定。动物性饲料和植物性饲料投喂前应消毒处理，消毒方法见 5.5.3.1e)。

5.5.1.3 投饲量

配合饲料的日投饲量（干重）为亲鳖体重的 1%～3%；鲜活饲料的日投饲量为鳖体重的 5%～10%；在繁殖前期应适当加大鲜活饲料投喂量。每次的投饲量以在 1 h 内吃完为宜。

5.5.1.4 投饲方法

投喂前鲜活饲料需洗净、切碎，配合饲料加工成软硬、大小适宜的团块或颗粒，投在未被水淹没的饲料台上。根据鳖的摄食情况确定每天投喂次数，水温 18 ℃～20 ℃时，2 天 1 次；水温 20 ℃～25 ℃时，每天 1 次，中午投喂；水温 25 ℃以上时，每天 2 次，分别为 9：00 前和 16：00 后。

5.5.1.5　清扫食台

每次投饲前清扫食台上的残饵，保持食台清洁。

5.5.2　池水管理

5.5.2.1　水位

池塘水位控制在 1.5～2.5 m。

5.5.2.2　水质

通过物理、化学、生物等措施调控水质，使养鳖池水质符合 NY 5051 的规定，水色保持黄绿或茶褐色，透明度 30 cm 左右，pH 值 6.5～8.5。

5.5.2.3　池水排放

池水排放应符合 SC/T 9101 的规定。

5.5.3　疾病防治

5.5.3.1　预防

预防的措施有：

a）保持良好的养殖环境，每 667 m² 鳖池投放螺、蚬等活饵 50～100 kg，夏季在鳖池中圈养水浮莲或凤眼莲，圈养面积不超过水面的 1/5；

b）清塘消毒：方法见 5.1；

c）池水消毒：除冬眠期间外，每月 1 次，用含有效氯 28％以上的漂白粉 1 mg/L 或用生石灰 30～40 mg/L 化浆全池遍洒，两者交替使用；

d）工具消毒：养殖工具要保持清洁，并每周使用浓度为 100 mg/L 的高锰酸钾溶液浸洗 3 min；

e）饲料消毒：对于投饲的动、植物饲料，洗净后可用浓度为 20 mg/L 的高锰酸钾溶液浸泡 15～20 min，再用淡水漂洗后投喂；

f）食台消毒：每周一次用含氯制剂溶液泼洒食台与周边水体，其浓度为全池遍洒浓度的 2～3 倍。

5.5.3.2　治疗

养殖期间发生鳖病，应确切诊断、对症用药。药物使用按 NY 5071 的规定执行。

6　产卵孵化

6.1　产卵

6.1.1　产卵季节

4 月至 9 月（水温 23 ℃～32 ℃）雌鳖产卵，6 月至 7 月为产卵高峰期。

6.1.2　产卵环境

环境安静，产卵房沙层湿度适宜，含水量约为 7%，即以手捏成团，松手即散为准。

6.1.3　产卵前准备

雌鳖产卵前 7 天，翻松板结的沙层，清除块石、野草等杂物，调整沙层适宜的湿度。

6.1.4　鳖卵收集

在产卵季节，管理人员每天早晨巡视产卵房，对新发现的卵窝做好标记，下午进行收卵。收卵时，扒开卵窝上覆的沙层，取出鳖卵，动物极朝上，轻放于底部垫有松软底物的容器内，避免鳖卵因撞击和挤压而损坏。收卵后将产卵场的沙抹平。

6.2 人工孵化

6.2.1　孵化设备

孵化设备一般有恒温箱和恒温室。

6.2.2　受精卵的鉴别

按表 B.2 选择受精卵孵化。

表 B.2　鳖卵特征

名称	特征
受精卵	外观可见一个圆形的白色亮区（即动物极），随着胚胎发育的进展，圆形白色亮区逐步扩大；白色亮区边缘界限清晰，整齐，无残缺
弱精卵	外观可见一个白点或白区，但若明若暗、不规则，随着胚胎发育的进展，白色区域不再扩大；白色区域边缘界线不清晰，不整齐
未受精卵	外观无白色亮区

6.2.3　孵化条件

鳖卵人工孵化，应满足以下条件：

a）温度：孵化介质（沙、海绵等）温度控制在 30 ℃～32 ℃；

b）湿度：在恒温箱或控温孵化房内进行人工孵化，空气湿度为 75%～85%；

c）含水量：孵化介质（沙、海绵等）的含水量控制在 6%～8%。

6.2.4　孵化操作

将经过鉴别的受精卵动物极向上，分层成排整齐地埋藏在孵化介质中，卵间距 1 cm。

6.2.5　孵化时间

从鳖卵产出到稚鳖出壳的整个过程，约需积温 36000 ℃ · h。在 32 ℃ 的条件下，历时约 45 天。

6.3　稚鳖暂养

刚出壳的稚鳖先放在内壁光滑的容器或水池中暂养，暂养密度控制在每平方米 100 只左右，暂养水深保持 2～5 cm，24 h 后移至稚鳖池培育。

7　苗种放养与养成

7.1　放养前准备

7.1.1　清塘消毒

按 5.1 的规定执行。

7.1.2　注水施肥

消毒 3～7 天后鳖池注水 70 cm，注水时用规格为 28 孔/cm（相当于 70 目）筛绢网过滤。注水后池水透明度大于 30 cm 以上时，每 667 m² 需施经发酵腐熟的有机肥 50～200 kg。

7.1.3　活饵培育

施肥后 7～10 天，每 667 m² 放养抱卵青虾（日本沼虾）2～4 kg 和螺蛳 50 kg。

7.2　苗种放养

7.2.1　苗种质量要求

裙边舒展，翻身灵活，体质健壮，规格整齐，无伤无病，无畸形。外购的苗种应检疫合格。

7.2.2　鳖体消毒

鳖体消毒方法见 5.4.4。

7.2.3　放养时间

稚鳖放养选择水温在 20 ℃ 以上时进行，幼鳖放养选择在水温 5 ℃～20 ℃ 的晴天进行。

7.2.4　放养方法

按 5.4.5 的规定执行。

7.2.5　放养密度

苗种放养密度详见表 B.3。

表 B.3　不同规格苗种的放养密度

规格	放养密度	
	土池 只/667m²	水泥壁池 只/m²
稚鳖	4000～6000	20.0～30.0
幼鳖	1300～2000	5.0～8.0
成鳖	1000～1300	2.0～3.0

7.2.6　鱼类套养

稚鳖养殖池每 667 m² 套养鲢、鳙夏花鱼种 200 尾，幼鳖及成鳖池每 667 m² 套养体重 50～100 g 的鲢鳙鱼种 100 尾，鲢、鳙鱼比例为 2∶1。如套养其他品种时，以不影响鳖的正常生长为前提。

7.3　饲养管理

7.3.1　投饲管理

7.3.1.1　饲料种类

鳖用配合饲料。

7.3.1.2　投喂方法

投喂应坚持"四定"原则，即：

a）定点：稚鳖放养初期，饲料投喂在食台的水下部分，30 天后逐步改为投放在食台的水上部分；

b）定时：水温 20 ℃～25 ℃时，每天 1 次，中午投喂；水温 25 ℃以上时，每天 2 次，分别为 9∶00 前和 16∶00 后；

c）定质：配合饲料质量应符合 SC/T 1047 的规定，安全卫生指标应符合 GB/T 18407.4 和 NY 5071 的规定；

d）定量：长江流域不同规格鳖的饲料日投饲量见表 B.4。具体投饲量的多少应根据气候状况和鳖的摄食强度进行适当调整，每次所投的量控制在 1 h 内吃完。

表 B.4　长江流域池塘养鳖不同月份配合饲料日投率

单位：%

规格	饲料种类	4 月	5 月	6 月	7 月	8 月	9 月	10 月
稚鳖	稚鳖饲料	—	5.0～6.0	5.0～6.0	5.0～5.5	4.5～5.0	3.0～3.5	1.0～1.5
幼鳖	幼鳖饲料	1.0	1.0～1.5	1.5～2.0	2.5～3.0	3.0～3.5	2.0～2.5	1.0～1.5

续表

规格	饲料种类	4 月	5 月	6 月	7 月	8 月	9 月	10 月
成鳖	成鳖饲料	1.0	1.0～1.5	1.5～2.0	2.0～2.5	2.0～2.5	1.5～2.0	1.0

注：珠江流域或黄河流域不同月份配合饲料日投饲率可分别提前或延迟 1 个月左右的时间。

7.3.1.3　清扫食台

按 5.5.1.5 的规定。

7.3.2　池水管理

7.3.2.1　水位

稚鳖放养时水位应控制在 70 cm 左右，以后随着个体的长大逐步提高水位；成鳖养殖池塘水位控制在 1.5～2.0 m。

7.3.2.2　水质

按 5.5.2.2 的规定执行。

7.3.3　敌害防除

稚鳖池四周及上空应架设防鸟网，发现蛇、鼠等敌害生物及时驱除。

7.3.4　疾病防治

按 5.5.3 的规定。

7.3.5　越冬管理

鳖池水深保持在 1.5 m 以上，溶解氧不低于 4 mg/L；冬眠期间鳖池不宜注水和排水。

7.3.6 池水排放

按 5.5.2.3 的规定。

7.3.7　建立养殖档案

养殖全过程应建立生产记录、用药记录和产品销售记录等档案，便于质量追溯。

8　捕捞

整塘捕捉可放干池水后进行人工翻泥捕捉，生长季节内的少量捕捉可采用徒手捕捉或鳖枪钓捕。

9　产品质量要求

养殖产品质量应符合 NY 5066 的要求。

图书在版编目（CIP）数据

中华鳖生态养殖模式与技术 / 向静，黄超，宋锐主编. — 长沙：湖南科学技术出版社，2023.6
（乡村振兴.科技助力系列）
ISBN 978-7-5710-2243-3

Ⅰ. ①中… Ⅱ. ①向… ②黄… ③宋… Ⅲ. ①鳖－生态养殖－淡水养殖 Ⅳ. ①S966.5

中国国家版本馆 CIP 数据核字(2023)第 086631 号

ZHONGHUABIE SHENGTAI YANGZHI MOSHI YU JISHU

中华鳖生态养殖模式与技术

主　　编：向　静　黄　超　宋　锐
出 版 人：潘晓山
责任编辑：张蓓羽　欧阳建文
出版发行：湖南科学技术出版社
社　　址：长沙市芙蓉中路一段 416 号泊富国际金融中心
网　　址：http://www.hnstp.com
湖南科学技术出版社天猫旗舰店网址：
　　　　　http://hnkjcbs.tmall.com
邮购联系：0731-84375808
印　　刷：湖南省众鑫印务有限公司
　　　　　（印装质量问题请直接与本厂联系）
厂　　址：长沙县榔梨街道梨江大道 20 号
邮　　编：410100
版　　次：2023 年 6 月第 1 版
印　　次：2023 年 6 月第 1 次印刷
开　　本：710mm×1000mm　1/16
印　　张：14
字　　数：238 千字
书　　号：ISBN 978-7-5710-2243-3
定　　价：36.00 元